U0155306

图 1 戈兰高地未耕种过的野地和加利利海周边地区是种子收集者搜寻常见农作物野生亲缘种的地方，这些农作物包括小麦、大麦和豆类等。

图 2（上），图 3（左）单粒小麦，最早被栽培
的小麦之一，和其他小麦近缘种混杂在耕地的
边缘。单粒小麦的麦穗是由很多花（或小穗）
组成，每一个小穗结一个麦粒。相比于其他小
麦，单粒小麦的麦穗更加精致。数千年前，单
粒小麦栽培广泛。如今，单粒小麦的栽培范围
局限于印度和地中海等相对隔离的地区。

图 4　二粒小麦是比单粒小麦更大且更健壮的近缘种。与单粒小麦的 2 个染色体组不同的是，二粒小麦有 4 个染色体组。被广泛栽培用来制作意大利面和粗粒面粉的硬质小麦，就是二粒小麦的一个品种。

图 5　普通小麦占据了世界小麦产量的 90%。它是由二粒小麦培育而来，并且具有 6 个染色体组。普通小麦至少包含了 3 种不同小麦祖先的遗传物质。

图 6 墨西哥类蜀黍，玉米的野生近缘种，谷粒长在分枝的茎干上的小锥上。相比而言，玉米有一个主茎，谷粒结在少数便于收割的棒子上。

图 7 现代玉米不同品种的棒子在形状、大小和颜色上差别很大。这是几千年来人类选择的结果。

图 8 昆虫是植物最重要的传粉媒介。在这张图片里，蜜蜂正在访问一株蒲公英属的植物。当这只蜜蜂落在花上的时候，它后足的采粉筐上沾满了橘色的花粉。

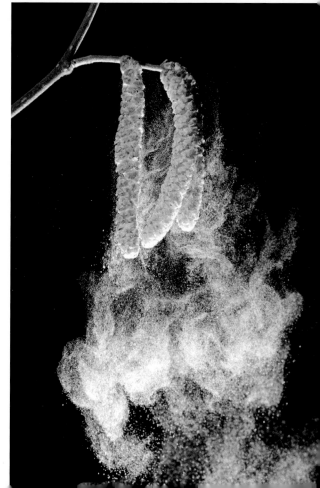

图 9 榛树成熟的雄花序正在借风散播花粉。清风拂来，一簇簇花粉从柔荑花序中释放。

图 10 孟德尔（Gregor Johann Mendel），现代遗传学之父。孟德尔有意地将具有不同性状的豌豆杂交，通过对子代中不同相对性状的个体进行数量统计，发现了以他的名字命名的遗传学定理。

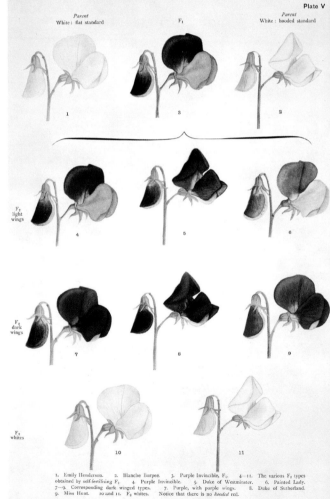

Plate V

Parent
White : flat standard

F₁

Parent
White : hooded standard

F₂ light wings

F₂ dark wings

F₂ whites

1. Emily Henderson.   2. Blanche Burpee.   3. Purple Invincible, F₁.   4—11. The various F₂ types obtained by self-fertilising F₁.   4. Purple Invincible.   5. Duke of Westminster.   6. Painted Lady.
7—9. Corresponding dark winged types.   7. Purple, with purple wings.   8. Duke of Sutherland.
9. Miss Hunt.   10 and 11. F₂ whites.   Notice that there is no *hooded red.*

图 11 以豌豆为例，具有不同性状的人工杂交植物，可以培育出更多种类的杂交植物。观察它们的遗传情况，就可以推断出它们的具体性状是如何遗传的，并且找出亲本植物中隐含的各类变种基因。一旦理解亲本植物的遗传状况，就可以培育带有不同性状的植物。

图 12 甜豌豆是一种在 17 世纪末从西西里引进的野生植物。最初引进时，甜豌豆还有着栗色或紫色的小花。虽然当时人们不懂基因的遗传，但园丁们通过仔细的选种杂交，仍培育出了大批不同的栽培品种。

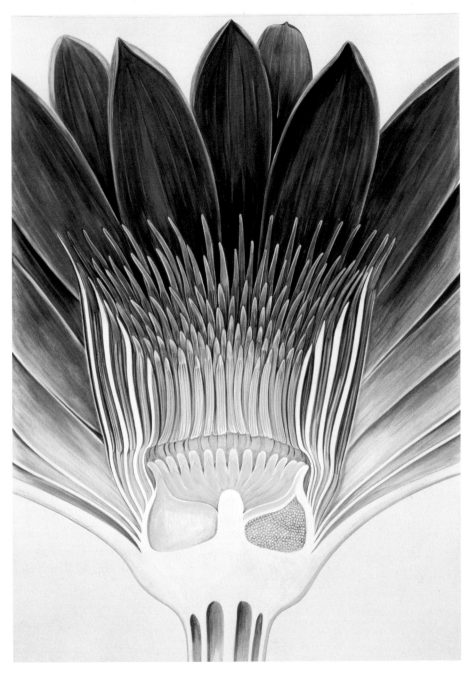

图 13 睡莲的纵切图，绘图者丘奇（Arthur Harry Church）。该图中，花的外侧那些具有保护性的萼片逐渐过渡为迷人的花瓣。花的中间是构成雌蕊的心皮，这些心皮的里面有植物的子房，而在子房之中则存在胚珠。一旦胚珠受精成功，它们就会生长变为种子。

图 14 叶子在发育早期蜷卷是作为孢子植物的蕨类的一种重要特征。蕨类是湿生植物的代表，植株相对更矮小，尽管有些种类长得像树一样。

图 15 苏铁属于热带和亚热带植物，其茎顶长着大型的叶子，且主干粗短。此外，苏铁雌雄异株，茎顶有较大的雄球花或雌球花。

图16 罂粟花正在释放苍白色花粉的雄蕊花药，包围着雌蕊的心皮。辐条状棱角的柱头表面是花粉萌发的地方，由此，花粉管才能帮助精子与子房中的卵细胞受精。

图17 兰科植物的花非常精巧，吸引了一代又一代园艺师的注意力。在进化上，有相当多的证据表明，它们与传粉者协同进化，以保证它们的花粉从同种的一朵花传到另一朵花上。

图18 多刺植物是非洲热带稀树草原的象征。有证据表明，有一些相思树属植物依赖看似不可能的动物 —— 长颈鹿来传粉。金合欢的花聚集成球状，球外围是一层花粉。当长颈鹿啃食金合欢树时，花粉粘到它的皮毛上。当长颈鹿移到另一株树旁时，交叉传粉可能就发生了。

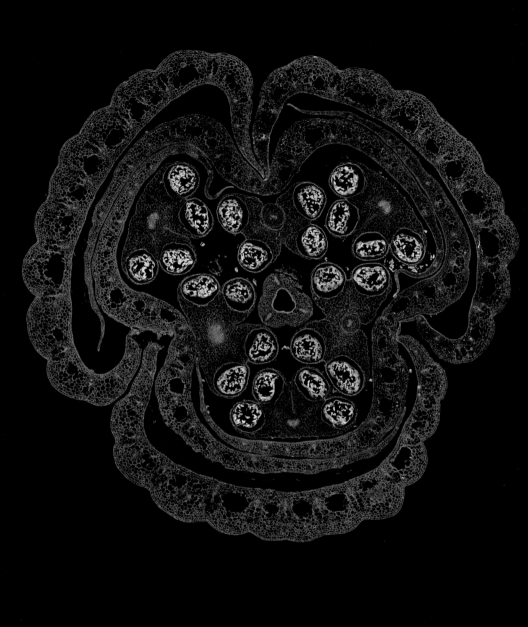

图 19 使用化学鉴定法对植物不同组织进行染色使植物结构的解析有了突破性进展。这是对百合花芽的横切。3 枚花萼、3 枚花瓣及 6 枚雄蕊被染成蓝色。这些部分被染色后，就能发现花粉粒正在雄蕊的花粉囊中发育。

图 20 在开阔地带，成千上万毛地黄的紫色尖状物被发现；在被阴影笼罩的地方，也许只有几株植物。每一株植物都有可能产生成百上千的种子，其中只有一部分种子会幸存并产生下一代。

图 21 英格兰蓝色风铃草是英国春天的景象之一。在树林的地表，蓝色风铃草的花在与其他植物的竞争中胜出之前，很多都被树的阴影遮挡了。它们的生存方法之一是在冬天生出发芽的种子。

图22　苏联遗传学者尼古拉·瓦维洛夫（Nikolai Vavilov）（1887—1943）是理解在庄稼保护方面基因变异的重要性的先驱之一。瓦维洛夫20世纪初的工作是20世纪后半期大量种子库建立的灵感来源。

图23　当槭科果实从树上掉落时，看起来像直升机叶片一样旋转。由于果实落下的速度降低，风就会有很多机会捕获和传播果实。

图 24 椰子，典型的热带海滩植物，通过洋流传播其果实和种子。

图25 南瓜的颜色、大小和形状各异。这些果实是人类经过几个世纪筛选的结果。

图26 南非的开普地区是世界上环境最多样化的地区之一。在开花期，其风景由黄色雏菊、橙色雏菊和紫色石楠组成。

图 27 天鹅河雏菊是适应西澳大利亚地中海环境的一年生植物。雏菊的"花朵"其实是许多小花簇拥在一起。每朵小花产生一粒种子。

图 28 藜芦的种子在由萼片包围的果实中，在花朵的花瓣消失后，仍可存活很久。藜芦是冬寒夏热地区的植物，种子落在温暖的地面上，但在冬天存活。

图 29 大火烧过这片地区，只留下枯木。然而，地面上的草和其他草本植物已经开始发芽。大火是许多栖息地的重要组成部分，带来景观的复兴。

图 30 20 世纪末的阿尔巴尼亚，人们利用牲畜（而非拖拉机和联合收割机）耕种土地，并收割自家保留的种子所生长出来的作物。

图 31 羽扇豆是一种多群体植物，发现于高海拔区域。大多数羽扇豆种类发现于安第斯山脉。然而，园丁们所熟悉的羽扇豆起源于北美洲。

图 32 所谓的罗素杂交种是由乔治·罗素从北美羽扇豆品种提取而来，深受园丁们喜爱。罗素从不同植物收集品中选择了他喜欢的不同花色。最终，紫色羽扇豆转化出了变化多样的颜色。

图 33 在苏联早期，农业和农民从瓦维洛夫的努力（植物收集和育种）以及政府的政策中受益匪浅。然而，到了 20 世纪 30 年代，政府的态度变了，并且减少了这方面大部分的工作。

图 34 美国农学家诺曼·博劳格（Norman Borlaug）（1914—2009），被认为是绿色革命之父。他培育出了低矮而强壮的茎，能够支撑外形大且高产的麦穗。

图 35 斯瓦米纳坦（Monkombu Sambasivan Swaminathan），印度农业科学家，将优质高产的小麦品种引进印度并予以发展。图中他正在检查已进行组织培养的植物。

图 36 迷你番茄是一种很受欢迎的水果，但是野生的小番茄能够提供非常重要的抵抗真菌的基因资源，从而减少普通番茄的感染率。

图 37 秆锈病是一种很严重的由真菌导致的小麦疾病，它在发展中国家的小麦农田里常见。如图所示，这些棕色的真菌脓包会释放出更多的孢子。被感染的植物会大量减产，甚至死亡。

图 38 种子如果处于凉爽干燥的储存条件下，甚至能在种子银行里储存上百年。图中的小种子被保存在封闭的玻璃瓶中。

图 39 斯瓦尔巴德岛全球种子库位于北极圈附近。它的入口隐藏在一侧山脊里，高于当前海平面 130 米。

图 40 在种子银行中保存一种物种，需要很多高质量的种子。而种子收集是一项专业性很高的工作，需要在探险收集队出发前做足准备。例如，他们需要得到收集许可，并且明确如何分辨出目标植物的花和果实。在农田里，种子需要在收录进种子银行前经过准确的辨别、收集和记录。

图41 克佑区的千禧年种子银行计划是世界上最大的非自然植物保存计划。这个植物银行在2010年完成了保存世界上百分之十的植物种子的任务。

图42 体积偏大的种子对种子银行的储存造成了挑战，因为保存它们占据了太多的空间。图中是千禧年种子银行在低温条件下保存在普通的储存罐里的种子。

图 43 南亚山区生产大米的梯田是多代农民的工程成就，使土壤和营养不会流失，作物能更好地生长。

图44 20世纪30年代美国中西部的沙尘暴是严重干旱和几十年集中的无作物循环和科学保护所致的土壤减少造成的。深耕大平原表层土,甚至在干旱和大风的特殊时期也保持了土壤。

图45 传统森林留下的毁灭的栖息地的写照。森林和树木被毁坏后的对比显而易见。小路标记了被清除的区域,除非有植物作用,否则浅浅的上层土壤会被雨冲走。

图 46 彼得·布吕赫尔的《收割者》中的细节表明，当时的小麦高于如今在欧洲的大多数小麦。现代小麦的穗更大，所以需要矮一点来防止倒下。而且，矮的植物其能量更多地到了谷物而不是秸秆中。

图47 过去二十年，种子库的关注点由为了植物繁殖而培养物种和它们的亲族转为保护野生
植物物种。种子收集体现了水果和开花植物的种子的多样性。

博物文库·生态与文明系列

SEEDS, SEX AND
CIVILIZATION:
HOW THE HIDDEN LIFE OF PLANTS
HAS SHAPED OUR WORLD

种子与人类文明

［英］彼得·汤普森
(Peter Thompson) 著

伍 凯 译
刘全儒 校

北京大学出版社
PEKING UNIVERSITY PRESS

著作权合同登记号 图字：01-2016-1070

图书在版编目(CIP)数据

种子与人类文明 / (英) 彼得·汤普森著；伍凯译. — 北京：北京大学出版社，2021.6

（博物文库·生态与文明系列）

ISBN 978-7-301-32035-8

Ⅰ.①种…　Ⅱ.①彼…②伍…　Ⅲ.①种子—普及读物　Ⅳ.①Q944.59-49

中国版本图书馆 CIP 数据核字（2021）第 040197 号

SEEDS, SEX AND CIVILIZATION: HOW THE HIDDEN LIFE OF PLANTS HAS SHAPED OUR WORLD
By Peter Thompson and Stephen Harris.
Published by arrangement with Thames & Hudson Ltd, London,
Seeds, Sex and Civilization © Thames & Hudson Ltd, London
Copyright © 2010 Peter Thompson
Conclusion Copyright © 2010 Stephen Harris
This edition first published in China in 2021 by Peking University Press, Beijing
Chinese edition © 2021 Peking University Press.

书　　　名	种子与人类文明	
	ZHONGZI YU RENLEI WENMING	
著作责任者	［英］彼得·汤普森（Peter Thompson）著　伍凯 译	
策 划 编 辑	周志刚	
责 任 编 辑	刘　军	
标 准 书 号	ISBN 978-7-301-32035-8	
出 版 发 行	北京大学出版社	
地　　　址	北京市海淀区成府路 205 号　100871	
网　　　址	http://www.pup.cn　新浪微博：@北京大学出版社	
微信公众号	科学与艺术之声（微信号：sartspku）	
电 子 信 箱	zyl@pup.pku.edu.cn	
电　　　话	邮购部 010-62752015　发行部 010-62750672	
	编辑部 010-62753056	
印 刷 者	涿州市星河印刷有限公司	
经 销 者	新华书店	
	880 毫米 × 1230 毫米　A5　8 印张　彩插 1 印张　220 千字	
	2021 年 6 月第 1 版　2021 年 6 月第 1 次印刷	
定　　　价	70.00 元	

目 录 CONTENTS

导言

我对每一粒种子充满信念……让我相信你有一粒种子,那么我将期待奇迹的出现。

亨利·戴维·梭罗:《林木的演替》(1860)

"种子是园丁的事儿。"跟我交谈的一些人这么认为。"种子是博物学里的东西:没有它们就没有野花。"这是另一种广泛存在的观念。事实上,种子对于我们所有人都很重要,但是在与我谈及这本书的人中,几乎没有人意识到,相比于种子在我们日常生活中所扮演的角色,其在园艺和博物学中扮演的只是配角。种子对于我们的生活如此重要,没有它们,很多生命都无法存在,我们也无法栖居于文明社会,我们中的绝大多数人甚至都无法存活。种子是我们生活中不可或缺的一部分,我们认为这是理所当然的,甚至都没有觉察到它们的存在。

种子为我们提供的不只是食物(从可可豆、豆类到谷类、食用油),还包括纤维织物、清洁剂和燃料。相比于这些直接的用途，种子对于耕作农业、蔬菜种植和畜牧业都至关重要。由种子发育而来的禾草所组成的草地，已经在世界很多地方成为永久牧场，鸡、猪和肉牛在几乎只依靠某一种谷物的精养系统中饲养着。大规模的农业综合企业支撑着现代经济和它所供应的消费生活群体。

人类与种子合作的漫长而迷人的故事至少开始于一万年前，这也是本书的主题。在几千年里，世界各地一半的人群学会了如何去耕耘土地，播种从野外采集的禾草等植物的种子，培育、收获并储藏新产的种子。在之后的几个世纪，这些栽培作物从几个原产地传遍全球。在一个接一个大陆上，小麦、大麦、扁豆、稻米、大豆、高粱、小米、玉米、豆角、藜麦和苋菜的种子成为数百万人的主要食品。

采集狩猎者的游牧生活方式被稳定的农业社会所取代。种子便于运输、随时可用和有较长储存期的优势，将人们从日复一日的采集、挖掘和狩猎的生活方式中解放了出来。依靠周边农产品的支撑，村庄发展成了城镇，批发商、工匠、零售商、店主等人为各自的生意奔波。城市往往选址在合适的权力中心或者贸易中心，这里一般会与供养城市的农民的田地隔开一定的距离。

这样的安排保留了下来，事实上直到最近都没有改变。几千年来，农民一年又一年地播种、培育、收割、收集谷粒，预留下一年庄稼的种子。干旱、霜冻、虫害、真菌感染等都会对作物产生影响，而且不同地方的影响也不一样。不管这些作物生长在哪里，不同的种类组合都是对所处环境的适应。全世界的农产品一年接一年地被收集在一起，它们的来源错综复杂，其中包括不同的品系，也就是所谓的地方品种。有些地方的品种比较高产，有些则低产。不过跟今天的期望比起来，它们几乎都非常低产。

在最近三百年，变化的步伐大大地加快了。18 世纪，植物传粉机制的惊人发现为农民、地主和园丁们打开了眼界，这为之后一百年培育新的改良的水果、蔬菜等作物提供了可能。20 世纪，植物育种者利用得到破解的遗传规律，培育出高产的纯种品系作物，改变了农业生产的基础。这些高产的新品种开始替代老的品种，刚开始进展比较缓慢，随着政府和主要种子制造商的资助，这个替代过程才开始加快。经过几千年的非正常繁殖，伴随着老品种不断消失，遗传多样性在农民的田地里建立了起来。

《种子与人类文明》这本书讲述的是种子与人类的关系以及人类对种子的依赖。这本书将要探讨人类如何逐步了解种子是什么，它们从哪儿来，以及种子在野花的生存和农作物的生产中所扮演的角色。这本书将向大家介绍，我们如何利用这些知识在园林和农场中培育出更巨大、更优良的植物，而这又如何被证明是一把双刃剑。这本书揭示出，傲慢如何把我们带到这样的境地 —— 未来植物成功繁殖所需要的抗病、耐旱等优良的遗传特性都濒临消失，而这些正是未来文明社会的幸存者所依赖的。这本书还将探究我们对这种威胁的应对措施，这些措施至少直到最近都鲜为人知。这牵涉到开展最古老的也是迄今为止最广泛、最昂贵的保护工程，创建全世界范围的种子银行网络和植物培育公司。

第一章

农业的根基

阳光照耀下，那些带纹理的岩石在野花烂漫的草甸上显得格外瞩目。深红色的罂粟、鲜红色的毛茛、花朵华丽的朱诺鸢尾花、多姿多彩的银莲花、橘黄色的金盏花、铬黄色的菊花、紫色的薰衣草以及嫩粉色的如酒杯般的旋花，诱惑着我们停下来，漫步其中。刚经过加利利富饶肥沃的土地，此时，我们来到了更偏僻的地方——土地被带刺的铁丝网圈起来，让想进去探索一二的人们望而却步。随处可见的小标志牌上印刻着骷髅头和摆成叉号的骨头，图案下面还写着表示危险的单词，更清楚地表明了这里的情势。三年前，也就是1967年，以色列军队猛攻戈兰高地，不停地追击，直至叙利亚人被逼退到大马士革。如今，大自然接管了这片围绕在荒无人烟的城镇和村庄周围的已然废弃的田地。曾经的战场也成为成千上万只鸟儿向北迁徙，要飞往土耳其或欧洲其他地方过夏天时途经的休息地。铁丝网围栏里，成群的鹳单脚站立在这片"地雷阵"里打着盹。它们把长长的喙埋在胸前，丝毫没有意识到脚下正踩着致命的植物。

目光从戈兰高地的山顶，到加利利海，再经过我们刚刚离开的那片土地（图1），最后到眼前高耸入云的赫尔蒙山，靠近山顶的地方被白雪覆盖，山顶则隐藏在云中。我们下了车，步行穿过废弃的田地。长着狭长叶片、花序呈奇怪的尖锐形状的野草从我们的膝盖边刷过，这些是山羊草。虽然这里还有很多鲜艳夺目的野花，但这些草才是我们真正想找的。尽管在外观上很不起眼，我们要找到这些山羊草种子，因为它们对于普通小麦的溯源研究很重要，也因为它们的某些基因可能有助于小麦的培育。

卑微的山羊草在人类历史上扮演着极其重要的角色。几万年前，在中东地区甚至更远的地方，生活在山脚下的半游牧民族已经发现了山羊草的特别之处。他们像我们那天一样走在混有野生小麦、大麦和山羊草的草甸之间。他们用插着燧石的骨制镰刀，割下一把草，放倒在地上，等着它们几天后晾干，再用简单的木制连枷把种子打出来。

大约在一万九千年前，从这片草地经过的游牧民族留下的微弱的活动痕迹，是我们知道的有关西方农业起源的最早记录。这些活动发生在人类狩猎采集时期的最后一千年里，那时，人们还是按照祖先的方法，男人负责捕猎野兽，而女人则采集种子、树根和果实来维持生存。这些部落的人们注意到，当野火烧毁乔木和灌木后，禾草等植物迅速占领这些地方，甚至会诱发野火来促进这个演替过程。他们依旧靠着自然的赐予生存。又过了一万年，他们的远系子孙才开始迈出种植植物的第一步，不再只是随意地采集种子。他们不知不觉地掉入了一个陷阱，不可逆地、缓慢且巧妙地改变着他们的后代。几千年过去了，一个人无意间在野花的诱惑下迈出的脚步，将子孙后代带进了农耕社会，从此受制于土壤，自以为掌控着植物，实际上却不得不考虑植物的需求。

山羊草的籽粒和小一点儿的大麦粒大小差不多。它们既有营养又美味，但每株山羊草结实率很低，要想获取饱餐一顿的粮食，需要精细且费时的劳作。而野生小麦和大麦的小穗里有数不清的小小的饱满的籽粒，看起来更有价值。但它们一成熟就会散落，绝大部分在收集的过程中就丢失了。同时，可食用的部分还需要通过强力的脱粒，将外层粗粝的壳去掉。之后，在火的余烬中将谷粒中残余的水分蒸干，这个步骤叫作脱水。在这个过程中，有些谷粒几乎不受影响，有些被烧成棕色。一不留神，有些完全被烧成炭一样，而被烧成炭的谷粒基本不会腐烂。

我们小心翼翼地从古老的营火灰烬中捡出这些被烧成炭的残余物，它们可以告诉我们，在上万年前的中东地区，谷物被收获后是如何被收集起来然后又种下去的。它们可以告诉我们，上万年前，冰川不再覆盖北欧，居住在加利利海边斜坡上的居民是如何捕猎、如何想办法收集植物的。随后的几千年里，从欧洲东南部、地中海西部地区到安纳托利亚、伊拉克北部，由于祖先采用的方式不同，不同土地上的居民也采用不同的收获方式，土地上留下了不同的刈痕。

祖先们可以继续这样轻松地生活，依靠捕猎，依靠他们可以收集到的种子和自然的其他赐予。但是，沉默的被烧焦的古老残留物告诉我们，大约一万两千年前，生活在杰里科等地的人们努力让一些更有价值的"草"及其附属物长得更好一些，虽然那时人们可能还没有耕作。某些种类的籽粒开始在一日三餐中占得更大比重。在一些地方，是单粒小麦（图2、图3）——一种原始的野生小麦品种。在其他一些地方，还出现了罕见的二粒小麦（图4）——某个野生小麦品种和山羊草的杂交品种。当其中一种植物相比其他物种的优势越来越明显，虽然这可能是由于人为的精心的"鼓励"，收集者对自然的依赖也就逐渐减弱了，从而更多地依靠自身的努力去生存。而这也使他们在农耕的道路上越走越远。

冰川的后退标志着中石器时代的来临。这个时期在历史上以新石器时代到来、人类开始耕作土地而结束。毫无规律的零星的证据表明，大约在此后四千年里，人们对耕种的植物越来越依赖。精心且费力地从烧焦的谷物中筛选种子和从大草原上随意地采集种子并不一样。野草的证据表明，伴随着耕作而来的有野生的燕麦、雀麦草、延胡索属植物、野豌豆、锦葵属植物、矢车菊、金盏花、万寿菊、罂粟和节节草等。随后，新石器时代的农民迁移到北非，又到了小亚细亚半岛，再到欧洲，这些野草的种子就像不受欢迎的搭顺风车的旅行者一样，跟随他们迁移。

从依赖收集野生籽粒到形成某种耕种经济模式，这一主要转变发生在距今七千年到一万年以前，和很多历史进程一样，这样漫长的时期可以很容易被识别出来，但它是什么时候开始的，什么时候结束的，却无法清楚地界定。这段时期的长短取决于这些地方生活的人，在这段时期，长期建立的生活方式可能被废弃，并被新的生存方式和社会形态取代。当这个时期开始时，人们或多或少地已经开始了长期定居的居住形式，有了可以长期居住的直线形建筑，不再像游牧民族那样居住在圆形棚屋里。为了获得更多的动物资源，他们开始驯养山羊，很快又开始驯养绵羊，与此同时，他们也放弃了带着狗——这个人类最古老的同盟者——去捕猎所带来的乐趣及其不安全性。成群的山羊和绵羊是让人们在成为农民的同时又成为田园诗人的重要条件。山羊会把灌木吃掉，为草开疆拓土；而绵羊能够使适宜成为庄稼的草在草地中逐渐成为优势群体。这两种动物的活动使天然的草原更加宽广肥沃，使收获更简单、粮食的产量更高，从而更适宜人类定居。

先前，我们的祖先从天然的草地上收集种子和根茎，从树上采集水果，然后继续前进。现在，他们在更易于找到有用植物的地方居住更长时间。杂交的单粒小麦、二粒小麦越来越多地出现在中东地区人类定居残留的痕迹中，草籽也越来越经常地和被烧焦的谷粒一起出现。人们定居下来，开始在居住地附近播撒偏爱的植物的种子，等春天到来，籽粒成熟后，将它们和野草一起收集起来。人们开始囤积种子，以保证一整年的需要。

接着，和现在一样，鸟儿开始食用它们能看到的籽粒。小的籽粒，包括大麦、稻谷、黑麦、高粱和黍（也就是小米）都很受鸟儿的喜爱，也很方便它们取食，以至于几乎不可能有一小块分离出来的土地，专门用来生产粮食。从农业的角度来看，最初的农民遇到这种竞争情况时，就需要想办法避免。相比野生的小麦和大麦，半培育的作物种类更容易遭鸟儿掠取。因为野生小麦和大麦的籽粒被穗子紧紧地包裹起来，当鸟儿来取食时，松散的穗子很容易裂开，从而使籽粒散落在地上，至少能保证一部分籽粒不会被吃掉。而在半培育的品种中，有很多和现在的作物一样，穗子完好无损，这使它们更容易遭到麻雀等雀类动物的掠夺。所以我们的祖先在谷物即将成熟的时候，花费了大量的时间去吓唬小鸟？或者这些庄稼已经有足够的产量，既能满足鸟儿的胃口，同时也能满足人们改良小麦品种的需求？还是农民们很快迎来了农业的黎明，要被迫与公地制度妥协？

几千年来，由于质量逐渐被认可，产量越来越高，二粒小麦等谷物的培育模式开始传播到各地，从幼发拉底河和底格里斯河到美索不达米亚地区，甚至更远的地区。我们的祖先在圈套中越走越远，就这样无意识地被可以获取更充足、更美味的粮食，能有更多进行物品交换的机会的愿景所引领。

整个中东地区，从赫尔蒙山，包含整个小亚细亚南部地区和伊拉克地区，再到伊朗北部、塔吉克斯坦，往东到中国附近，居住在低矮的山上的居民周围是被培育的植物。山使一部分地势低的地方夏季不会过于炎热干燥，在冬季也能有充沛的雨水。小麦、大麦、黑麦和小扁豆的种子，在秋雨来的时候套种在土地中，很快生根发芽，度过冬季，在春天蓬勃生长。当夏季干旱来临时，人们收获后，土地看起来便又是一片荒芜的模样。

不同地区的人们根据周围能找到的植物和要面对的生长环境，选择种植合适的植物。在地中海东部地区，人们享受着温和的冬季带来的植物能持续生长的好处。五千千米外，中国北部地区的狩猎者学习着如何培育黍、高粱和豆类，当刺骨的西伯利亚冷风吹过这片土地，上个秋天种植的植物变得很脆弱。它们萌发了幼苗，然后艰难地生长，一直等到夏季从太平洋上来的季风和雨水，情况才有所缓和。差不多经历相同的时间长度，中国云南的人们在山腰上培育了荞麦和大麦。最令人震惊的是，在墨西哥的山中，也是在太平洋附近地区，在几千年中，居住在山谷中的人们发现了种植麦子、豆类、南瓜的秘密，并使这些作物适应了当地气候。他们在炎热潮湿的夏末收获种子，储藏着，度过凉爽、干燥的冬季，然后在刚刚解除霜冻的春天，将种子播撒在裸露的土地上。生活在安第斯山脉的人们学习种植西红柿和藜，还种植他们年复一年保存的土豆块茎。

培植是偶然发生且无规律的，在一个地方会发展，在另一个地方会衰退，然后几个世纪里，子孙们沿用着祖辈们的方式，停滞不前。即使是小麦、大麦和黑麦的培育方式已经被广泛传播并具有明显优势，但在中东地区一些未开垦的、耕种形式未改良的土地上，从被烧焦的残余物中找到的种子含量仍然不超过50%。人们继续从荒芜的野生山羊草、小麦和大麦中收获食物，大部分原因是，在很多地方，人们和往常一样，在广阔的土地上更加密集地耕种，以收获更有用的植物。我们需要这些植物种子，但这些对从一万年前就学会采集的人们来说没有意义，只能继续等着下次机会的来临。

最初的农民，不管是在中东、墨西哥还是中国，都是依赖自己所生存的土地上的不同作物收集种子。逐渐地，培育植物被广泛种植。其他那些被农业科学家们称为"搭便车的"作物则被作为第二作物，也就是我们如今在花园里种植的很多蔬菜、药草和花朵的来源。土地里任何可以吃的东西都受人们的欢迎，也在世界各地被广泛培植。当谷类作物还未成熟时，白花藜、菠菜、苋菜、藜菜等多叶植物被采集起来，作为绿色蔬菜食用。不同种类的洋葱、韭葱、茴香、小茴香等有强烈味道的植物的根茎叶都被纳入了一日三餐的范围，小萝卜、胡萝卜、婆罗门参等根茎类作物也在长成后被挖出，小扁豆、豌豆等豆类植物也会在谷物间生长。它们的种子会和谷物一起收集起来，一起被脱粒、收获，丰富了人们的一日三餐。

中东地区的很多作物是命运相连的，它们来源于多种野生物种，其中包含一些野生物种的杂交品种。当种子一次又一次地被交换，或者通过其他途径从周围环境中获得，不同物种的基因交换，就会产生新的品系。其中有些交换也发生在栽培植物之间，很多仍保留着在田边生长的"搭便车"的作物和野草的基因。很多中东地区的栽培植物，包括小麦（图5）、大麦、黑麦、燕麦、胡萝卜、小萝卜和莴苣等都是和它们的野菜"亲戚"生长在一起的。在瘟疫、病害和干旱等危及小麦时，这些植物的强大的恢复力将为生存提供一线机会。今天我们知道它们在农作物进化过程中扮演了极其重要的角色，是新物种拥有抵抗疾病、干旱、盐碱和霜冻等抗性的来源。

在培育植物的早期阶段，人们聚集地附近的田野里，种植植物对周围的植被影响很大。由于种植的方法还不成熟，播种什么、收获什么都很随意。很少有人注意到要将不受欢迎的植物移除，简单的农业资源管理主要集中在耕地、播种、收获和储藏种子上，打破了其他物种的平衡。收集者偏爱的很多物种无法在耕种土地上占得优势。它们的种子不能在合适的时机萌发，或者它们的发芽没人关注。于是，这些植物变得越来越少，直到再也看不到它们的踪迹，只有在未被耕种的土地上的野花间能看到一些。

有些植物则成功地从野花转变为栽培植物。每年，它们的种子从谷物中收获，然后在远离昆虫和鼠类的地方储藏起来，如果任由这些籽粒留在土地里，它们将会被啃食干净。种子在合适的时间、在适宜萌芽的条件下播种，当幼芽生长出来后，要保护它们不被食草动物啃食。一代又一代，植物适应了农民的保护，从而丧失了它们以前在自然条件的挑战下所获得的抵抗力。它们从自然选择的压力下逃离出来，变得不再特殊，无法调整到能处理压力和适应变迁兴衰的独立存在状态。当被培育的品种重新回到田野里，和邻近环境的野生"亲戚"一起生长时，借助蜜蜂、蝴蝶或者风传播花粉，两者会进行杂交。结果，培育植物不具有竞争力的基因在野生种群中会变得不合时宜，降低了生存的可能性。渐渐地，一些野花变得很挑剔，回归多样性的恢复力降低，而逐渐灭种。一种墨西哥类蜀黍（图6），曾经在培育玉米（图7）的过程中起到过重要作用，现在仍然在墨西哥高地上生长着。这种类蜀黍有大量的品种是外皮紧贴籽粒，和原始的玉米品种类似。在玉米被培育的历史中，它们长期出现在玉米地里，其基因不可避免地遗传到玉米上。

当人类人数很少并且分布广泛的时候，采用简单的方法收集食物就能满足需求。这时，人们毫无改变的动机，他们的三餐主要依靠打猎和收集种子。但不论是有意识还是无意识，中东地区的居民未考虑成熟就短暂地进行了漫不经心但不可避免的改变。当人们越来越依赖更多地收集谷物时，他们的生活方式带给了周遭居民越来越大的压力。乔木和灌木被砍来烧火，草类被用来占地方。绵羊吃掉野花，山羊啃掉灌木，年复一年，人类向居住地附近的草原扩展。当收集到的草类被运回居住地时，人们逐渐偏爱更高的产量、更容易获取的打麦方法、更可口的种类。这种被偏爱的作物是一种杂交种类，被认为是二粒小麦和另一种山羊草的杂交品种。这种温和的杂交品种是我们现在种植的小麦的祖先。

高产的草类拥有更多空间，那些毫不费力就能结实的草类和谷物的储藏地的建立让更多的田地变得高产。人们有了越来越广阔的居住地，更好、更安全的食物供应，人口变得更加密集，也发展出了更复杂的社会系统，以保证更多农田的安全性。最终，这些转变发展出了都市生活圈，我们称之为城市。陷阱越来越深。与此同时，我们祖先的生活质量和社会群体的生存受到无法摆脱的限制——直到今天，仍然如此——囿于他们利用种子的能力，囿于农夫的技能，囿于土地。

最初的耕种始于收集、储藏和以谷物为食物所造成的不可逆转的影响，它与深思熟虑的目的性毫无关系。在很久以前，没有人会拿起一束山羊草，看着野生小麦的麦穗想：这是多么有用的品种啊，要是我们能使这些麦穗变得更大、更好、更可口就好了！人们没有刻意让什么植物生长。自然给了人类一个可以生长的植物的清单，然后说："拿去吧，成为农夫，或者放弃它，继续依靠你捕获和采集的东西生存吧！"这个在人类历史上至关重要的时刻之所以得以发生，是因为植物向我们展示了我们能种植什么、哪种行为能生产庄稼，哪种行为会失败，而不是因为最初的农民自己解开了谜团——他们没有说过要将野草变为促进文明发展的可食用的谷物。那是植物自愿的杂交过程，一个人们不理解也没有意识到的过程。

假如人们曾记录过这些事情，他们将会观察它们，随着对种植的依赖，能够占主导地位的植物的种类将越来越少。在遥远的过去，他们的祖先曾经收集不同的植物。但在八千五百年前，一个中东地区的农民只能种植十几种或二十多种植物当作主要食物，或再加十几种偶然出现的植物当食材。更多的曾被先辈们收集的植物不再在日常生活中占主要地位，这取决于植物的"态度"，而不是祖先决定不再需要它们，或者是人类拒绝食用它们。

更多的植物灭种是因为它们在数量上不占优势，不适合被培育。那些被培育的植物，包括小麦、大麦等原始作物，种子大小刚好合适，并且多年保持可自行繁殖的品性，适于在合适的时间播种，有充足的产量，以使人类文明得以繁荣。此外，随着时间流逝，杂交和育种手段被引入，稳定的质量使它们越来越经得起检验，对农民越来越有用、有价值。这些改良首先在于籽粒体积和产量的提升，这是由于它们是结实率更高的山羊草和小粒的野生小麦的结合，果实的结构发生改变，麸皮与种子逐渐更容易分开，使麦穗脱粒的过程越来越方便、安全。其次，其生理特性的改变导致耐寒、耐旱性提高，同时由于代谢途径的改变，籽粒中的蛋白质含量提升，谷胶含量也提高，使用其做成的生面团更富有弹性，能做出更好的面包。

农业学家不辞辛劳地研究小麦的历史，是因为它们是人类在地球表面不断扩张过程中提供支持的一员。然而，无论小麦变成什么都和它进入培育排行榜毫无关系。没有人预见过它的未来，或者说它自己创造了未来。部分原因是它们的祖先被自然赐予了更容易被培育的特性；部分原因是因为这些特性偶然地被一系列事件包括杂交、染色体重组等增强，在此过程中混入了其他植物的基因。最后，它变成了一种明显值得种植的植物。相同的故事发生在中东地区的小麦和花园植物的培育上，它们的祖先整合了更有用的特性，更有可能被培育。在两万年前，在人们开始尝试改善植物的特性之前，这些工作已经被植物自己高效地完成了。人们发现许多需要掌握的基本种植方法——不仅是种植小麦，还有生长在农田和花园里的成百上千种植物。它们都不经意地被培育，因为它们的祖先曾经是日常被采集来的植物中的一株。

　　中东地区小麦被培育是两万年前全球转变的一部分，远在人类从帝汶岛海峡乘着木筏到澳大利亚，又转移到塔斯马尼亚之前。在两万年到一万六千年前之间，禾草和莎草在白令海峡建立了"桥梁"，让一些亚洲部落的人穿过荒芜的土地，继续前进，最后在美洲建立了殖民地。除了一些无法到达的岛屿，如马达加斯加岛和新西兰群岛，以及完全不适宜居住的南极和北极，和始终保持捕猎和采集生活方式的一些地方外，人们几乎占据了地球上的每个角落。然后，在六千年前的一段时间里——按照历史标准进行划分，人们的生存状况发生了一些改变——世界上广泛分散居住的人们发现了种子的力量。在一个又一个地区，特别是在中东地区，小麦、大麦、燕麦和黑麦变成栽培物种，这种过程不停地被复制。种子的力量被发现，流浪的捕猎者打开了眼界，开始了耕耘土地、播种、种植、收获和储藏庄稼的过程。

　　这些地方的人们依靠从野生植物中采集到的种子生活了上万年。然而，在不到一万年的时间里，人们开始学习种植他们依赖的植物，而不再将所有的事情都留给自然决定。谁能解释这种精神为什么如此强大和普遍，使在各处生活的人们变得心向一处？如此短的时间里，为什么人类生活发生了如此大的转变？

这些问题让这些人的文化和他们对世界的态度发生了沧海桑田般的改变。人们学会了如何从自然提供的东西中获得最多，而不是从自然提供的东西中获得想要的。人们开始管理居住地附近的土地，让它们更适宜生长植物；学着照顾种子——储藏、播种、栽培幼苗，最后收获庄稼。有一些被消费，但剩下的足够下一年生产粮食。人类与植物之间的同盟关系——我们称之为种植——深深改变了彼此。

因为担负起照顾种子的责任，世界上很多遥远分隔的、地域相对受限的地区的居民采用了更加复杂的生活方式，改变了对自然的依赖。在稳定的农耕社会，繁荣昌盛依赖于人们能有效地管理土地。在中东地区，人类定居必然产生的结果就是城市的建立。同时期，在北美没有看到这些迹象，也很难得出这种结论。城市在一些地方兴起，而在另一些地方没有兴起，原因就在于人们所处的环境不同。

有三种植物有显著优势——小麦、玉米和水稻，它们成为世界上大部分地区人们的主食，其他地方由其他作物比如豆类、南瓜类、土豆等根茎类植物补充。每种作物都是农业发展和定居生活建立的主要因素。根据历史上粗略的统计，小麦、玉米或者水稻的发展研究揭示了不同地区人们生活方式的不同，尤其是对城市建立的影响程度不同。这些不同是由于人们生活的地理位置或者自然条件不同所导致的吗？或者这些庄稼本身营造了这样的环境，决定了培育它们的人的后续发展？

地理学提供了表面看起来清晰的解释，但是世界上不同地方地理条件的不同足以解释如此巨大的差异吗？北美地区和欧亚大陆都处于温暖的地区，在气候、地形和地理环境上都很相似，都有河流、山谷、三角洲、海港、平原、山坡、草原和森林，气候和地中海地区、印度河流域以及尼罗河上游流域的城市也相似。但除了主要文化中心比如密苏里州和密西西比河连接处的卡霍里亚以外，其城市和一些大规模乡村在功能和面积上和旧世界完全不同。

城市文明，是在小麦及其替代品如大麦、燕麦等在整个中东地区被培植后在相对较短的时间里发展起来的。从地中海地区到中国北部边界、印度河流域到北非，帝国主义和霸权主义此起彼伏。城市也在部分热带地区和南非开始建立，城市中开始出现宗教，土地也归宗教机构管理。尽管如此，那里是工匠、商人、劳工等的故乡。热带地区的主要作物除了玉米、南瓜和豆类，还有木薯、红薯、番茄、辣椒、鳄梨和可可等，这些作物全年都有。这和中东地区、北美地区（温和、季节性气候地区）有时一点儿收获都没有完全不同。因此，过季也能储存的食物对温带地区人们的生存至关重要。

在没有热带作物的北美地区，玉米、豆类和南瓜在夏天生长。另外，非城市文明也在发展，这和欧亚大陆完全不同。当哥伦布航行到新世界时，欧洲已经有了二十多个城市，居民人数在五万到十万之间；有八十多个城市，人口数量在两万到五万之间；有无数的小城市，人口数量在一两万。那时，整个美洲地区没有一个人口上万的聚居地。很多定居点被城镇的概念所概括，但没有一个显示出有复杂的社会组织或者管理层级制度，这和欧洲、亚洲南部明显不同。

对北美土生土长的人来说，虽然他们没有建立城市，但发展出了有组织的、形式固定的另一种包含权利制度、文化和传统的城市文明形态，既包括以前的部落成员，也与在大面积土地上建立起的联盟相结合，和旧世界以国家为单元不同。在欧亚大陆，这样的情况是贸易中心、首都、港口和军事重地建立的催化剂。北美大陆很多地方，尤其是密西西比河东部的居民，其聚居地附近常常出产大量的玉米、豆类和南瓜。他们在村庄里生活，依靠打猎补充土地的产出。同时，撇开西南部的印第安村庄不说，北美的居民从来不是半永久居住居民。房屋的建筑材料和他们的居住形式，导致那里很少有长久居住的人，这也体现了旧世界居民的天性。在密西西比河东部，尽管房屋不再是临时性的，但如果觉得搬到其他地方很有必要，他们也乐意移居，这些特点都是城镇建立的对立面。

在欧亚大陆和北美地区的居民中，城市建筑和城市文明的不同形式暗示着前者对城市化的积极态度和后者的消极态度，两者的观念都根深蒂固，以至于几乎被认为完全对立。1906年美国参议院议员波特（Porter）在提到俄克拉何马州建立的进程时，分析了一个复杂的问题："绅士们 …… 你们是上万年进化而来的，我们是上千年进化的结果，可能 …… 我们从同样的起点开始，但我们的道路岔开了，我们因分开所造成的影响已经体现。"这些影响是在农业开始早期产生的，每个群体熟悉、适应了作为主食的植物的天性和需求。如果真是这样，问题就来了：什么特性使小麦拥有促进城市建立的力量，而玉米却没有呢？

　　培育是一个双向的过程。每种植物都有特殊的需求，也有自己的种植方法，与周围环境的契合水平，以及被做成食物的方法。社会因素影响了人们消耗食物的差异。那些培育和日常生活依赖小麦、玉米和水稻的人，他们种植的庄稼和他们食用的谷物相对应，而这种对应方式使他们有了不同的期望和生活方式。

　　小麦是一种社会性的庄稼。为了种植小麦，大片区域需要被耕耘、播种、收获，这只能依靠高效合作的社会组织完成。种植小麦的人，特别是以原始方法种植小麦的人，不可避免地创建了政府机构。他们需要维护法律和条规，用来建立社会等级制度，这是城市发展成功的先导者。相反，玉米的种植者无须强迫着合作，虽然他们如果这样做也能受益。在北美，玉米种植是参与种植同一片土地的人们的合作活动，有时候土地面积达到成百上千公顷。玉米也常常被小范围种植。一个农民，即使只有很小的一块土地，也能够期望种植更多的谷物养活家庭，提供少量的剩余的粮食用于买卖交易。

　　小麦，是一种手工艺品式的商品。它在技术、方法上为依赖于玉米和水稻的人们提供了无法想象的方式空间。在熟练的手工艺人的手上，面粉是生产产品的基础，能生产出面包、蛋糕、布丁、馅饼、披萨和意大利面等美食。大米粉和玉米粉在想象力上的局限被面粉拓展。村庄里的面包房在很多世纪里都是城镇的中心，在城市和乡村的社交互动中提供集中地。制作糕点和其他使用面粉的技能，是统治者的有影响力的附庸者必备的技能。玉米渣、玉米粒和玉米粥根本无法和面粉制品相比，虽然它们也经常成为乡下穷人、城市劳工和奴隶的食物，但这些人一般不算是社会的创造者。

在小麦种植的早期，小麦适宜"合作"和多样化。在农民种植作物、磨坊磨好面粉、面包师烤出面包的过程中，培养了社会的协作发展，释放了社会成员的力量，鼓励人们承担专业的角色。小麦、玉米和水稻都为建立社会共同体提供了基础。与此同时，玉米和水稻奠定的基础也使人们得以筑起围墙，小麦的独有特性成了城市文明建设中的支柱。

几千年里，直到12世纪，全世界的农民从植物杂交产生的结实中收获谷物。他们播种的种子就是他们先前的种子的样品。在中东、欧洲、北非，小麦成为某些地区的主要作物，大麦成为其他部分地区的主要作物，黑麦在更加寒冷、干燥的地区成为优势作物，燕麦在一些小麦和大麦不适宜生长的、夏季潮湿、可耕种时节短暂的地区成为优势物种。偶尔会有农民向周围的人宣传从市场上买回的种子，或者和邻居交换种子，但总体上，他们自给自足，坚信在好的年份里自己无论如何都能生存。这就是史前人们的生活模式。

小麦、大麦、玉米、水稻、黑麦、黍和高粱（世界主要粮食作物），黄豆、豌豆、小扁豆等各种各样的豆子，红薯、土豆、南瓜、海枣、香蕉等，带着我们新石器时代祖先的祝福来到我们身边。远在科学诞生、我们真正开始了解种子的机制和它们潜在的可能性之前，几乎所有种植的水果、蔬菜、谷物等都已经诞生了。

捕猎和采集者学着收集种子，然后等待合适的时机播种，结出下一代种子。如今，园丁们也做着同样的事情。虽然我们大多数人是买回种子，而不是自己去收集种子。我们的祖先将种子当作脱水后的植物，甚至嫩芽或花苞的一种，为它们的萌发感到欣喜，通过种植那些从采集物里挑选出的种子来满足自己的期望。今天，我们会因为种下的种子长成为包装纸上看起来的样子而高兴。尽管我们的祖先在一万年前并不了解种子萌芽背后的生物学原理，也不明白植物遗传的复杂性，但他们可能比我们更了解种子的细微需求。

第二章

释放的基因

当你面对一粒种子的时候，你看见了什么？新石器时代的人们只会给你一个答案——"食物"。这批世界上最早的农民，将种子视为便于存放的脱水植物。尔后，在这些农作物种子的基础上，人类才能构建起庞大的社会，创造城市文明。近代，我们却希望把这微乎其微的种子层层剥开，去窥探它们最深处的秘密，尝试着理解它们最底层的奥义：基因是如何排列成 DNA 链的？在种子的细胞核中，DNA 又是如何形成染色体的？当我们再看向小小的种子的时候，我们看到的是植物基因的展现。而从意识到这点的那一刻起，我们就开启了对它们的不断研究。

　　在过去几十年里，我们了解得更多，进而摆脱了自然的限制，从而能够毫无桎梏地去探索世界。因而在 21 世纪，我们才能够在不同的甚至完全没有联系的有机体间转移基因，为未来的利益创造无限的可能。然而，这一新的视野也为我们带来了危险——给我们的地球造成无法预计的破坏。我们能有预见、有智慧、有限制地去使用新发现的、在有机体间转移基因的能力并从中获益吗？有些人认为转基因是非自然的，应该被禁止，我们能避免他们所预言的灾难吗？

在未来，我们或许能得知这些问题的答案。但是在我们想办法解决这些问题之前，首先需要追寻那些花匠、农夫以及博物学家的足迹。因为正是这群人率先意识到在种子神秘的外表下，还隐藏着重重未知的谜团。事实上，这些看似微不足道的种子比我们想象得更加有趣。

在欧洲文艺复兴二百年之后，也就是所谓"科学的重生"一百年时，生物科学一度被编造得天花乱坠。在西欧大学中教书的自然哲学教授会透过有色眼镜看自然，他们会将观察所得的东西提炼成抽象的哲学概念。事实上，他们并不是根据所观察到的现象得出的结论，而是按照亚里士多德所制定的"规则"去推断植物和动物世界发生了什么。这一"规则"便是根据《圣经》中"创世"情节所制定的神学教条。由于当时的人们学习的是这种哲学和神学的混合体，因此人们对世界的看法始终与现实相差甚远。

有性生殖，哲学家们将其判定为动物的特权——这个结论基于一个看起来非常合理的论据：即生物在寻找配偶的过程中需要运动。显而易见，植物是不能运动的，因此它们没有寻找配偶一说，这就导致人们认为植物必然是无性的。然而实际上，在千千万万看起来极其相似的树中，依然存在两性，比如枣椰树的雌、雄花的差异就比较分明。园林主们知道，少了雌雄中任何一个性别，树就没有办法正常繁衍。园丁们虽说不清楚为什么要给植物授粉，并且他们对蔬菜是何种性别大概不感兴趣，但他们发现授粉是很必要的。

即便如此，在大约两千年中，学者和教授们还是一直对身边的花视而不见。不知为什么，他们好像故意忽视了摆在眼前的事实：花的部分器官显然是分两性的。他们认为，性别这事对于植物来说就是个小装饰，像文章的修辞一样可有可无，接着再深究下去的结论都是异想天开。在这种思想盛行的时候，除了植物在医学中起很少的辅助作用外，植物学这门学科几乎生了锈，毫无实际意义。关于植物的研究进程推进得极其缓慢，以至于到18世纪末19世纪初的时候，才终于有一些能自由思考并且敢于挑战常识的人出现，最终使大众认同了近在眼前的事实。

在17世纪的最后十年，图宾根大学的自然哲学教授、植物园的负责人鲁道夫·卡梅隆，验证了许多园丁持有的假设——在种子的形成过程中，花粉至关重要。他没有高谈阔论，而是寻找验证假设的实际操作方法。最后，他决定使用开花植物，虽然事后看来，法国山靛和桑葚（雌雄异株）似乎非常不适合这样的实验。卡梅隆取出上述花中的花药后，没有形成种子；而留下花药中的花粉时，则形成了种子。受到鼓舞后，卡梅隆用菠菜、蓖麻油和玉米花重复实验，得出"花粉在种子形成过程中至关重要"的结论。其中含花粉的花药只能做雄性生殖器官。而雌性器官有子房和花柱，其中花柱连接了子房和柱头，并等待授粉。

卡梅隆的研究表明，花药和花柱分别是植物雄性和雌性器官的一部分。这一说法不再是一个比喻，而是一个很重要的突破。在"精源论者"（精源论者们认为，在交配过程中男性提供一个迅速形成的婴儿，或者说是一个极小但较完整的侏儒人；而女性仅仅是为婴儿提供一个安全、温暖的子宫，给予婴儿充足的营养）思想的影响下，他认为花粉应该是植物胚胎的雏形。至于花的花柱，则可能是花粉粒进入子房的通道，类似一个中空的管子。在子房里，花粉逐渐发育为种子，子房为花粉提供营养。不过，也有一个更简单并且离真相更近的解释，那就是子房自身就包含了不成熟的胚胎，花粉则会刺激子房中的胚胎开始发育，最终胚胎变为种子。然而在当时那个男尊女卑的社会中，这个观点并不受重视。

　　1694 年卡梅隆发表了这些观察结果，却被众人忽视，后人猜测这是由于他发表在不知名的杂志上所致。然而卡梅隆的父亲和儿子都先后成为图宾根大学的知名教授；他们是如此显赫的"学术世家"，其研究绝不会没人注意。如果他的同行们无法阅读或理解他的报告，那只能是由于他们的学术偏见让他们认为这些观察无足轻重。他的大学教授同事们试图证明雌雄性器官存在于植物中的事实与"植物不具备性器官"的信仰是不冲突的，完全无视这种想法是多么荒谬。

　　然而有时就是这样，当人们看到的和认为的不大一样时，那些坚信神创论、智慧设计论等观点的人们会选择将结论引向自己固有的认知，这种习惯性的思维导向让他们不愿去多看、多研究。大约在卡梅隆宣布研究结果三十年后，一个受到良好教育的学者，马格德堡的哲学家克里斯汀·沃尔夫（Christian Wolff）在 1723 年发表的文章《对自然规则的理性思考》中这样描述种子的形成过程：

　　"我们发现在花的内部，有圆形排列的茎 [花丝]，每个茎的上端有布满粉末 [花粉] 的物体 [花药]。这些花粉会落于保存种子器官的顶部，该器官类似动物的生殖器，而花粉则类似精子。我们也认为花粉使种子能繁殖后代，所以胚珠一定是由花粉运输至子房内，在那里形成种子。"

不过他又补充说：

"由于上述过程在由鳞茎发育成的花里也能观察到，鳞茎的鳞叶中肯定也含有胚珠……显而易见这些胚珠一定来源于鳞茎的鳞叶。而且树液从那里把胚珠输送到种粒里和送到产生于花顶部的花粉一样容易，我倾向于相信这才是这一现象的真正解释。"

沃尔夫进一步猜测胚胎如何进入树液，并得出结论："最可信的一种想法是：胚胎不但本身存在于树液中，还存在于一些植物体内，这些植物随后在某一特定情况下有了种子和芽。"

他接下来提出的一个问题是，胚胎之前在哪里："它们要么以一种微小的结构一个套一个地存在，要么是从空中或泥土中被树液带进植物中的。"

上述两种假设中，第一种说种子就像是某种"俄罗斯套娃"，包含着无限多种的"后代"。即便是沃尔夫那样灵活的哲学头脑也不能把这样的种子的来龙去脉想清楚。因此他认为比较合理的是种子从土壤、空气中被汁液运输到植物内。然而，这一结论当然是错的。他不可能想到，一种"能自我复制的双螺旋"结构的无限组合才是这一难题的答案。

多年以来，当学院中的人们继续围绕着沃尔夫等人的结论讨论植物的性别时，园丁们在谋生的过程中对花的生殖器官有了更多更实际的看法。尽管少数园丁认为雄花是没有作用的而将它们剪除，1776 年约翰·阿伯克龙比（John Abercrombie）还是在众多园丁的支持下，出版了一本名为《每个人的园艺指导》的书。他认为，这些雄花的作用实际上是给雌花授粉，这个观点也得到了大多数人的认可。例如，他在书中写道："比如在培育黄瓜的早期过程中，我们是可以为雌花授粉的。在授粉的时候，先将雄花的花瓣轻轻拉下来，然后将需处理的花药去触碰雌花的柱头，这样，花药中的少部分花粉就附着在柱头上了。该步骤中，少量花粉就足以使授粉成功。"

　　这一关于黄瓜花授粉的描述，对于自己种过瓜的人来说完全可以理解。解释一下，我们如今买的黄瓜不是通过有性杂交出来的。实际上，所有授过粉的黄瓜都会长出大量的种子，以致不可食用。因此，人们普遍种植只开雌花的品种，避免产生不想要的种子。阿伯克龙比指的是现在做泡菜用的露地栽培黄瓜。这些黄瓜和它们的"堂兄弟"西葫芦和甜瓜一样，只有在授粉后才能发育果实。

　　当时正统的植物学家们多半都一心一意地投入到将植物合适、恰当地分类上，而对植物自身的生长却不怎么关注。其中，最成功的分类方法是林奈（Carolus Linnaeus）发明的，这种分类方法按照花中生殖器官的数目和排列方式，将植物有秩序地分类。他先总结了19世纪30年代关于植物性别的早期研究。然而不同的是，林奈对花药和花柱的排列方式很感兴趣，首先想到能以这样的标准来进行分类。他相信，既然植物的花药和花柱对于植物来说是更重要的"性别的特征"，比花和果的特征显现更加明显，那么如果将关注点放在植物的花药和花柱上，应该就能比较完美地对植物进行分类。

　　在18世纪中叶，植物学家没有性别和遗传之间关系的概念，因为他们认为种子和芽差不多，所以没必要细究。一个例外是约瑟夫·克尔罗伊特（Joseph Koelreuter），他在卡尔斯鲁厄大学担任自然史教授。他在卡梅隆完成授粉实验的几年后，在图宾根大学就读。卡梅隆的想法激起了他对花粉的兴趣。

卡梅隆的结果表明，只有在给花授粉之后，植物才能产生种子。那么接下来的问题就是要找出花粉在其中的作用，而要解决这个问题，我们需要探究另一个"性别"的胚珠又在其中扮演何种角色。于是，克尔罗伊特就开始着手研究植物的部分特征是否来自花粉，部分特征来自胚珠。在18世纪60年代，这是一个非常热门的问题。克尔罗伊特的研究方法基于做实验，即先做出假设，再用实验去验证它们。然而这种运用实验的方法在当时学院派的眼中是不伦不类的，他们相信真理基于规范的哲学逻辑推论，而不是什么实验结果。于是，我们不禁好奇：克尔罗伊特忠实于实验研究，究竟是出于一种相悖于传统植物学的异教思想，还是出于他与植物园中园丁的密切关系呢？

当时，虽然园丁们还是有点犹豫，但他们对杂交培育愈发感兴趣。他们很好奇两种不同的植物杂交在一起，是否能培育出更好的果树、蔬菜以及其他植物。对他们来说，一些特定性状从花粉中遗传，一些从胚珠中遗传，这个有趣的想法听上去合理，也很让人跃跃欲试地想去验证它。1717年，伦敦郊区霍斯顿的一个苗圃工人托马斯·费尔柴尔德（Thomas Fairchild）成名了——虽然名声不太好。他用纯种美国石竹杂交出了一种名为"费尔柴尔德之骡"（Fairchild's Mule）的粉色石竹。虔诚的费尔柴尔德对他的所作所为感到不安，认为自己破坏了造物者的创造。为了赎罪，或许是为了来世的生活，他在遗嘱中将25美元留给了霍斯顿的教堂，在他死后每年捐献 1 美元用来支持关于《圣经》中"创世"章节的布道。

在克尔罗伊特验证自己的假设之前，他需要寻找能够充当父本和母本的植物。它们必须有足够显著的差异，以便于他能区分后代到底遗传了哪株亲代植物的哪些特征 —— 比如，将一株绿叶甘蓝与一株红叶甘蓝杂交，或者将开蓝花的飞燕草与开白花的飞燕草杂交，等等。大约是在不经意间，他有了一些更深层的进展。第一次实验中，他使用了两个品种的烟草杂交，结果很正常地结出了种子，可是长出来的子代植物却是无法生育的，就像马和驴杂交出来的骡子一样（真正的"费尔柴尔德之骡"）无法再有子二代。随后，克尔罗伊特扩大了实验的范围，继续用包括常夏石竹、紫罗兰、天仙子、毛蕊花等在内的植物做了实验，在这些植物中，他成功地得到了一部分结果。他观察到，它们的子代遗传了亲代双方的特征，这证明了花粉和胚珠中的遗传物质都参与了种子的孕育。同时他也注意到，只有将两个血缘很亲近的种杂交时，才能得到种子。毛蕊花和常夏石竹杂交是无法得到种子的，但如果不同石竹或不同毛蕊花杂交时，就更有可能得到包含正常种子的果实。

克尔罗伊特继续跟踪观察，提出了更深刻的问题。授粉要多少量才能形成种子？将花粉授在花的柱头以后，会发生什么？第一个问题的回答是，虽然花粉囊内一次性会形成很多花粉，但是只要很小一部分的花粉就可以成功培育出种子。他设法缩小实验数据，比如，5 个花粉粒可以成功培育成 3 颗种子，但他没能成功证明单独 1 个花粉粒就可以起到作用。第二个问题更难，但是他在观察了现象后得出结论，事实并不像"精源论者"所认为的那样，并不是整个花粉粒都进入了花柱。

克尔罗伊特的研究受到当时的显微镜像素低、放大倍数不足等缺点的限制，但一旦观察到一丁点可分析的现象，他就能得出一些令人信服并且完全原创的结论。他给花中的一系列结构如花药、柱头、花柱甚至蜜腺等都重新下了定义，颠覆了人们以往的认知。在他之前，人们认为蜜腺是一个怪异的可有可无的器官，基本上像垃圾一样毫无用处。而克尔罗伊特指出，蜜腺产生花蜜是有原因的，这些花蜜可以吸引很多昆虫，比如吸引蜜蜂来将采得的花蜜混合自身分泌物酿制成蜂蜜。如今我们知道，蜜腺是一个大有用处的器官，它能够分泌带有糖类等营养物质的花蜜，而这些花蜜正是提供给访花昆虫的主要报酬之一。此外克尔罗伊特还提出，昆虫会将一朵花的花粉传到其他花上，起到为植物授粉的作用（图 8）。因此，它们在植物的有性生殖以及种子的形成中扮演了至关重要的角色。以上这些独到的见解消除了人们原来的部分错误认知，诸如昆虫们仅仅是单纯地到处抢夺花上的花粉这种观点。

槲寄生树也同样吸引了克尔罗伊特的好奇心，也许是因为它太怪异，不过更可能是因为克尔罗伊特发现槲寄生树雌株和雄株长相几乎相同。他能够证明，当且仅当从邻近的雄株那里授粉，雌株才能成功培育出浆果。他还观察到昆虫作为传粉媒介，在植物间飞行授粉。后来，他注意到，画眉鸟吃掉槲寄生树浆果后，排出的包裹着种子的粪便粘在周围的树枝上，然后那里会长出槲寄生树的幼苗。然而，在克尔罗伊特发表对于该现象的描述之前，动植物间的这种互利共生现象一直只在童话中出现，在学术界也没有得到承认。过了将近一个世纪以后，达尔文的观察才使得这种共生现象成为常识。

　　然而很不幸，让克尔罗伊特感到极度失望的是，同事们对他的这些发现不怎么感兴趣，以至于这些发现被尘封了多年。大学里的学者们以哲学的一些思想为由，拒绝审视他的发现。他们充其量是草草地在表面上接受这些结论，却一点也没有理解它们。之所以拒绝接受这些观点，多半是因为他们对《圣经》里关于"创世"的说法深信不疑，认为所有的物种都是固定不变的，于是便将杂交产生后代这样的理论视为邪恶的异教思想。这样的背景也预示了多年后当达尔文的进化论发表之时学术界中掀起的轩然大波。

　　克尔罗伊特突破了一直桎梏着生物科学学术观念的教条，但他的同行们仍不准备抛开传统思想来观察世界。1875 年，维尔茨堡大学的植物学教授朱利叶斯·冯·萨克斯（Julius von Sachs）在《植物学历史》中生动、准确地描述了当时的情况："读了林奈、格莱肯和沃尔夫提出的有关植物有性生殖的理论后，我们仿佛进入了一个奇怪并且无法理解的思维世界，他们的思想现在看来只具有历史意义。相反，克尔罗伊特的作品似乎是属于我们这个时代的。"

　　在学校之外，一些有科学家头脑的人、注重实际的农民和园丁也在做着那些在学院派学者看来是奇怪和不明智的事情。虽然他们很多人丝毫不知道克尔罗伊特这个人和他的工作，但他们得出的结论与克尔罗伊特的发现完全一致。

　　和克尔罗伊特相同境况的人还有克里斯汀·康拉德·施普伦格尔

（Christian Konrad Sprengel）和托马斯·安德鲁·奈特（Thomas Andrew Knight）。前者是个植物学家，有着古怪的性格和惊人的创新能力，他解决了很多关于植物性别的遗留问题，并且知道了花之间为什么不同。后者是一个地主，同时也是农民、园丁和"半吊子"科学家，他开辟了一条提高农业与园艺技术的道路。

施普伦格尔是一个显然不会过循规蹈矩生活的人。由于担任牧师一职，他身上肩负着照顾柏林施潘道市民的责任。在当时的欧洲，他的很多同行除了挤出时间来帮助教区人民外，常常痴心于他们喜欢的领域，比如自然历史、地理学、考古学等。这些牧师中最著名的一个就是施普伦格尔的同代人，英国南部萨尔博尼的助理牧师吉尔伯特·怀特（Gilbert White）。然而，施普伦格尔确实是过于痴迷于研究植物博物学了，他基本没有时间为群众提供一如既往的宗教帮助，甚至不再提供日常的星期天布道。就这样，主教（他的上级）解雇了他。于是他便全心全意地投入到植物繁殖的实验中。每周他会带一些人去柏林周边农村做博物观察，顺便用帽子收一两分钱。靠着这种生活以及一份教职，他勉强维持着生计。

施普伦格尔令人难以理解的生活方式使他与世隔绝，也使他不受当时的学术气氛的影响。正因为如此，他提出的观念是他的同代人无法理解的。

他所描述的观察现象震惊了他的同事。但由于这一理论和人们一贯接受的古代的哲学想法相差太多，他的同事"理所当然"地忽视了施普伦格尔的想法。自此之后，施普伦格尔的想法一直无人理睬。直到五十年以后，当时英国最杰出但有点迂腐的植物学家罗伯特·布朗（Robert Brown）不厌其烦地研究了他的理论，并建议达尔文去阅读，那时达尔文正在学习兰花吸引传粉昆虫的方式。正如达尔文后来所说，"施普伦格尔太可怜了，被忽视了这么久，直到现在才被认可"。很多人说人人都有出头之日，但施普伦格尔运气不好，去世后才等到这一天。

施普伦格尔证明了克尔罗伊特的结论：基因（当然那时候并没有基因的概念）交换确实是一种正常的现象。事实上，他将不同种类的蔬菜或其他培育植物杂交，而不是去寻找特定的种，这样实践起来更加简单。结果，虽说他的观察结果从博物学的角度来说不那么有意义，但不可否认，这些结果确实很有实际价值。这些结果为菜农们指出了杂交莴苣、小麦、苹果等作物的新方法，培育出具有令人满意的性状的物种。只要他们愿意联合起来去培育莴苣、小麦或苹果之类的新品种，就会生产出真正了不起的蔬菜。施普伦格尔的后继者会发现，水果、蔬菜等作物健康或患病的概率已经揭示了应该有选择性地去培育新品种。施普伦格尔也发现了一个当时所有人未曾察觉到的（或至少是被证实过的）的事情，即异花传粉是植物界的"主流"。用他一句精炼的话来说，自然"好像并不太想让哪种花用自己的花粉给自己授粉"。

他还注意到，花朵的颜色、形状和斑点可能影响它们吸引传粉昆虫的方式。在蜜蜂采蜜的过程中，花粉会从花药落到柱头上。如果落在另一朵花（多数是异株异花）的柱头，是植物的异花授粉。如果落到同株异花或是自己的柱头上，则是自花授粉。这两个过程和功能都极其相似，当时很多人无法意识到这一真相。施普伦格尔则最早意识到，开花植物和昆虫能够互相协作，促进彼此的演化。

他还指出，并非所有的花都是五颜六色的，很多草、树木、灌木也并不都很高大显眼，它们往往是微不足道的。它们不产生花蜜，不具备鲜艳的花瓣，也没有指向性的标志来引导传粉昆虫传粉，而且很明显，并不吸引任何种类的昆虫。然而它们生产的花粉和那些明显有花的植物不同。这些花粉总是大规模地生产，在空气中像灰尘一样漂浮着。施普伦格尔断定，风在传粉过程中也扮演了很重要的角色。他将植物形态和功能密切地联系在了一起（图9）。

基于成千上万的观察现象，施普伦格尔得出结论：花的颜色，形状和各类图案不仅是造物者富有想象力与创造力的杰作，还是"选择压力"（一个性状被选择而生存下来的优势）的结果。由于这一思想的飞跃极具想象力，我们不知道施普伦格尔是否想到·同进化并具密切关系的花朵与昆虫是互利共生的。当时，人们对施普伦格尔的无视和对他《有关花的结构与受精过程的新发现》（1793年出版）这本书的冷漠态度深深地打击了他，因此他放弃了出版续集的想法，并转向语言研究来安慰自己。他在1816年去世后，仍被学术界遗忘。其实，如果不是他的学生三年后在杂志上刊登关于他生活与研究的文章，他的成就可能会被永久地遗忘了。

施普伦格尔的遭遇表明，即使我们都知道他的观察所揭示的事实，我们也不知道这些事实在其发现者脑海中引发了什么样的思考。他所观察到的真相之中，包括花的功能与形态之间的联系，以及昆虫在授粉过程中的角色等。教会认为，足智多谋的造物主创造出一切不可变化的动植物，从而构建了世界。那么，施普伦格尔是否简简单单地满足于用这些结论来进一步证明教会的那些观点呢？或者说，他是否有了一些"异端"的类似于七十多年后达尔文的想法，能够解释这些现象？如果像达尔文一样，他有这样的想法，那么他可能发现自己在质疑权威的神创论和物种不变论后被吓倒了。相比之下，达尔文得到同事的高度尊敬，并有着他那些可靠的高层朋友的支持。而施普伦格尔则是一个古里古怪、缺少亲信的人，他生活在七十年前宗教观念更加根深蒂固的社会里。若他提出这种挑战权威的观点，一定会激起人们的奚落和谴责，并且这种言论攻击绝对非常粗暴。在这种情况下，他大概认为保留这种观点是比较明智的选择。

现在看来，克尔罗伊特和施普伦格尔有关植物性别以及花药、柱头、花柱以及胚珠的功能的理论已经足够完善，但是当时一些所谓学术造诣极高的科学家对事实熟视无睹，仍旧秉持着哲学的看法：植物没有那么复杂，其器官也没有性别之分，因此花的性别与其生命活动毫无关联。后来，在1830年，哈勒姆大学科学学院决定把奖项颁发给能够证明"植物有性别之分"的人。当然还有一个附加条件：这一证明需要能够为新种的培育与改良提供科学依据。

七年后，这一奖项颁给了德国植物学家卡尔·弗里德里希·冯·加特纳（Karl Friedrich von Gärtner）。十二年后，他出版了一本专著，包括了二十五年来近一万次实验尝试以及超过七百种不同植物种内或种间的杂交植物。加特纳用他无可挑剔的学术造诣和他无懈可击的勤奋，终于使大部分人认同植物确实是有性别的。当然，除了那些坚定拥护亚里士多德的传统哲学的人。虽然不同物种间的杂交成功的概率有限，但杂交还是有可能的，其中后代继承了亲代的性状。到了19世纪中期，学术界终于不得不承认，种子是植物遗传信息的传递者。

确定了种子是如何形成的，科学家们决定下一步研究种子怎样影响下一代。那时人们认为种子像嫩芽或者传输遗传物质的东西一样，长成后会是亲本的翻版。现在科学证明，种子是亲本的结合体，而亲本既包括"生育"种子的母本，还包括能使胚珠受孕的父本。如果子代真的和亲本一模一样，那只能说明母本和父本长得太像了，从而导致性状间没有太大区别。如果可杂交物种或不同种类的蔬菜母本和父本差异较大，那么它们的子代会遗传两方的性状。

这就是有实际应用的科学，和学院派植物学家的哲学逻辑完全不同。由于多年以来妇女们很少参与育种（直到20世纪初，还没有女性成为声名显著的植物育种家），这需要男人们将农民或园丁的实践方法和科学家的好奇求知欲结合在一起。第一个这样做的人是托马斯·安德鲁·奈特，他与施普伦格尔几乎同处一个时代，但他们两人的性格和境况完全不一样。他并没有等待加特纳说服哈勒姆大学的颁奖者，让他们认识到杂交植物是有可能的。奈特是一个住在赫里福德郡郊区的绅士，他继承了一笔丰厚的财产，在当地极受尊重，还将成为伦敦权贵们的亲密朋友。

在工业革命前期，奈特祖父开铸铁厂赚了很多钱，因此他们家成了地主。奈特先后毕业于拉德诺、伦敦西奇西克的学校和牛津贝列尔学院，在那之后，他再次回到了家乡拉德诺。在结婚后，他用祖父的钱在埃尔顿的住宅区内安定下来，他有野心，却又略微缺乏自信，有着安静、温柔的性情，非常适宜绅士农民的生活。他的肖像展现出了他英俊的外貌与老实的外表，让人们一看就觉得他值得信任，然而这外貌却掩盖了一个最活跃、最愿意探索的大脑，让人们看不出来他思想的深度和他的洞察力。他并不满足于简简单单地等着植物生长，也不满足于收获小麦和白菜，或是用果园的梨和苹果做苹果酒，他每每看到一个植物就要问自己：为什么根会扎到地下，植物会长出地面？树液是怎样在植物中传输的？为什么植物的茎和叶子形状长成这样？为什么它们差别如此之大？当他收获了自己种的苹果、梨和草莓，他会想：有没有可能种出更大、更甜的水果？有没有可能收获更多或者成活率更高？

为了解答自己的疑惑，奈特开始用他自己田地和温室里的植物来研究营养物质的效用、降低害虫及疾病危害的方法、蔬菜增产的方式等各种实际问题。通过设计一系列明确且科学的实验，他探究了植物生长的生理学和植物对重力或电刺激的反应，对此有了更深刻的见解。奈特将传统园丁工作和有关于传粉、性别和遗传的博物学研究结合在一起，这标志着园艺学的诞生。其中，与本书内容有很大关系的是，他开始尝试着杂交有潜力的亲本植物，从而产出各种经过改良的苹果、梨、樱桃、李子和一些蔬菜。

奈特在第一次尝试时，成功地把北美常见的草莓、智利草莓中不同的特质结合起来，这一举动十分值得关注。在 1607 年 4 月，也就是第一批英国人定居北美的第一天，这种草莓便吸引了詹姆斯敦定居者的注意。乔治·珀西（George Percy）硕士详细地记录了他对于弗吉尼亚州的印象："那里有着绝妙的草地和相当高大的树木 …… 我们走过的草地上布满了颜色各异的花朵 …… 再往前走，脚下的土地上种着美丽的草莓，每一个都有英格兰的草莓4倍那么大。"英格兰那里种的大多是太平洋海岸的海滩草莓，果实很大很重，可以抵御恶劣的环境条件，但是很干，基本上没味。今天的草莓育种仍然追求这种完美的结合，弗吉尼亚草莓鲜美的肉质与智利草莓抗性的结合则是代表。

每一个想要培育新的、更好的水果或蔬菜的人，都会遇到令人沮丧的事实：像童话中那样，要亲吻大量的青蛙来筛选很多次后，才能找到白马王子。绝大多数的幼苗远远比不上它们的亲代植物，最多与亲代植物勉强差不多。即使植株确实长出了味道很不错的果实，它们好像也总是不可避免地被诅咒，有很多难以忍受的残疾，比如易感疾病、不孕或者更糟。这样一来，培育这些新种几乎是毫无用处的。

奈特培育的两种草莓唐顿（Downton）和埃尔顿（Elton），则像是在四百只青蛙中找到的两位王子。四百分之二的比例在今天看来应该算是成功率很高了。尽管如此，奈特仍在思考提高成功率的方式。假如他知道更多的遗传规律，他也许会做得更好。他四处寻找着比草莓更适合做实验对象的植物，于是便产生了使用豌豆的想法。

选择豌豆是一个灵机一动的想法。在奈特去世很久之后，一个来自遥远国度的人从豌豆中发现了奈特一直希望从豌豆上找到的东西。豌豆花几乎总是自花传粉的，并且同系繁殖的一代会产生几乎一致的植株，每一株都由相同的基因组成。播种后的数周内，它们就能开花、结果。不同品种的豌豆有着明显不同的特点：某些能长到齐肩的高度，其他的却几乎还不到膝盖高；有些长出绿色的豌豆，其他的则长出灰色的；豌豆可以是圆粒的，也可以是皱粒的；大多数开白色花，少部分却开紫色花……此外，通过严格操控的授粉过程，很容易控制豌豆的繁殖。每个豆荚里只有大约六粒豌豆，这也保证了一个方便统计的数量。这比奈特用罂粟一类的植物好多了，它们每个荚果中有百来颗种子需要对付。

奈特在1787年做了第一次杂交，第二年种下了第一次杂交后获得的种子。他记录下了它们与父母本的相似与不同之处。他观察到的第一件事情是，有些性状似乎消失了，有的性状得以延续甚至加剧了。例如，当他把矮茎豌豆和高茎豌豆杂交时，所有种子都是高茎的。不仅如此，它们甚至比它们的父母还高。当他把皱粒豌豆和圆粒豌豆杂交时，所有种子豆荚中的豌豆都是圆粒的。第三年，他播下了再次杂交后的种子，这些似乎已经消失的性状再次出现了，得到的豌豆种子中既有矮茎的，也有高茎的；豆荚中既有皱粒的，也有圆粒的。

在1799年发表的实验报告《一些蔬菜的繁育报告》中，奈特未能解释豌豆的这些遗传行为。他被遗传学这一石头绊倒了，因为基因科学的概念很久之后才形成。他确定了不同性状可以从一代遗传到下一代，弄清楚了一些遗传的模式，也观察到了杂种优势的现象。实际上他的实验为人们展示了显性性状和隐性性状的存在（尽管他并没有意识到），同时也向人们展示了某些特定的性状可以以显著的特征遗传下来。多年以后，这种杂种保持亲代基因完整性的现象被称为"隔离"。

无论奈特期望什么，他对豌豆的观察对于他的苹果和草莓育种项目来说，都不会有太大帮助。这是因为，相比于豌豆异常简单的遗传模式，苹果和草莓的遗传模式复杂得多。但是，此类项目证实了他关于不同性状逐代相传的观点，并证明了育种亲本拥有他希望在幼苗中获得的特征，这具有积极意义。不过现在仍然为时过早，奈特对于有待应用到植物育种上的科学原理的理解太粗略，他在选择亲本方面继续受直觉引导。在这样做时，他与许多植物育种者（即使是现今的植物育种者）的做法并无差异。

幸运的是，奈特公布了他所做的事情，否则他的植物育种计划在赫里福德郡和希罗普郡边界之外可能会被完全忽视。他的活动引起了约瑟夫·班克斯（Joseph Banks）的注意。约瑟夫·班克斯是一位能量巨大的人，以一人之力推动了英伦三岛的园艺事业。班克斯——英国皇家学会主席和皇家植物园邱园事实上的主任，代表国王，承认了奈特实验和观察的原创性和意义。他于1796年说服奈特来到伦敦，向学会展示了一篇关于果树嫁接的论文。班克斯的热情和强烈个性正是克服奈特的胆怯所需的激励，并给予他在乡村园艺事业中发挥重要作用的信心。1805年，奈特的哥哥理查德·佩恩·奈特（Richard Payne Knight）决定放弃勒德洛议员身份，同时放弃管理自己建成的唐顿城堡庄园的责任来支持弟弟。他把锁、库存和桶以及庄园都交给了托马斯·安德鲁·奈特。

在过去一年中，奈特在园艺学会（后来升格为皇家园艺学会）中一直发挥着重要作用。两年后，他成为达特福德伯爵，当选学会主席，至此，他成为英国园艺界最有影响力的人物之一，直到他在1838年去世——第二十九次当选主席之后几天。他是一位不追求葬于威斯敏斯特教堂这样的荣誉的人。奈特与家人一起长眠于赫里福德郡的沃尔姆斯利教堂旁边的一个乡村墓地，对于一个自出生以来一生都是乡下人的人来说，这里是一个舒适安静的地方。他在英国主持园艺活动，在他主持期间，园艺活动有了许多不同寻常的改进。他在伦敦担任园艺学会主席多年，尽管与欧洲既有的学术机构相比，这是一个年轻而不成熟的组织，但仍让他具有极大的影响力。

奈特的声誉自从他去世以后逐渐消隐，但他的成果在英国乡村仍然以他从未预见的方式发挥着重要作用。1824 年，在奈特担任主席期间，植物收藏者大卫·道格拉斯（David Douglas）受园艺学会委托前往美洲哥伦比亚河流域，该流域现在划分为俄勒冈州和华盛顿州。在后来几年中，道格拉斯从这个巨型针叶树原产地寄回大量种子，这在 19 世纪后半叶改变了英国乡绅庄园的外貌。如今，这些树木为寻找《傲慢与偏见》或其他简·奥斯汀（Jane Austen）小说拍摄地、需要乡村庄园环境的导演，解决了几乎无法破解的问题。服饰适宜，车厢、家具款式等细节都与当年的风格融合得恰到好处。而大卫·道格拉斯在简·奥斯汀写下她最后一部小说近十年后引进的针叶树，几乎在每一个户外拍摄中都入镜了。

奈特和他的庇护人约瑟夫·班克斯是促进植物学研究的人员名单中令人耳目一新的名字。当时，除少数例外，大多数人员都是学会学者，他们的生计取决于他们在欧洲大学所担任的职位。

1633 年，对伽利略的审判和侮辱性谴责引起了天主教会的调查，这对科学创新和南欧经文的重新诠释产生了明显的抑制作用。北方大学的新教教义几乎不能容忍创新思想，几乎所有人都需在任教前担任圣职。因此，学者们必须遵守《圣经》的教义。经文中关于"创世纪"的描述明确指出，地球等事物已经在创世的几天内结合在一起，且不允许有所改变。这是一个绊脚石，很可能会阻碍任何试图杂交植物（或动物）以创造新的改良品种的人——正统的推定是，如果它们从一开始就不存在，就不能在以后被召唤出来。

托马斯·奈特和约瑟夫·班克斯都无正式的宗教关系。这两个人都不需要他人每天施舍的面包，这给了他们自由行动和独立思考的能力。此外，奈特与乡绅、农民和园丁等人交谈，对这些人而言，引进改良品种的草莓、苹果和李子比哲学思想更为重要、有用。这些品种证明了新植物育种科学（即使尚未十分科学）产生了实际结果。他的灵感鼓励英国和欧洲其他国家的人以他为榜样，承担起创新者的角色。

1800 年，奈特在皇家学会的《哲学会报》上描绘他的豌豆实验一年之后，莱比锡出版了该成果的德语版本。当克里斯汀·安德烈读到此文时，他提供了发现链中的下一环节，最终精确揭示植物如何通过种子传播基因。安德烈是奥匈帝国摩拉维亚和西里西亚农业改善、自然科学和乡村知识学会（非正式名称为"农业学会"）的领导人物。

来自摩拉维亚（今天的捷克共和国东部）的土地所有者和绵羊饲养者安德烈，迅速认识到奈特实验的实际应用性。根据他的建议，学会其他成员开始采用类似的方法来种植新葡萄树和果树品种。几个月后，安德烈创立了布尔诺派果树学学会，在那里，他也开始使用奈特的方法培育苹果。

发现链的下一个环节不是来自大学学术界，而是实践农民或园丁。谈到此，不得不提及一位名叫西里尔·纳普（Cyrill Napp）的修道士，他兴趣广泛，集此三种身份（即大学学术人士、实践农民和园丁）于一身。他于1827年被任命为布尔诺圣托马斯奥古斯丁修道院的院长，这标志着一个开明领导阶段的开始，在这期间植物实践研究取得了极大成果。奥古斯丁修道院为这些活动提供了非常肥沃的土地，但其实无须这样做。相比之下，其他修道会不太开明。

西里尔·纳普是一名实干家。作为院长，他鼓励修道士在城市生活中发挥积极作用。他们在学校和学院教书，进行其他学术活动，研究自然科学，特别是科学在农业和园艺中的应用。成为院长之前，纳普在修道院农场管理着一个苗圃，在那里，他培育了大量苹果树幼苗。基于共同的利益，他接触到安德烈，在纳普后来当选布尔诺果树学学会主席时，两人成为朋友。

纳普担任院长十六年后，一名年轻人敲响了修道院的门，带着一张纸条，介绍他是一个潜在新成员。此人是格雷戈尔·约翰·孟德尔（Gregor Johann Mendel）（图10），一个德国农民的儿子，父母在摩拉维亚北部拥有一个小农场。因为不喜欢农民的生活，他通过获得教育寻求摆脱，但几乎同样无法应付学校。长期抑郁致使他不得不退学回家，之后，他大部分时间都在床上度过，无法为家庭做出贡献，也无法振作起来继续努力学习。但最终他还是完成了课程，并转到了奥尔茨赫兹的哲学学院，准备进入维也纳大学，但他的学习再次被长时间卧床打断。显然他不太可能完成课程，学院里一名曾为奥古斯丁修道院修道士的老师，建议他在修道院寻求逃避问题的方法。他为孟德尔提供了一封给西里尔·纳普的推荐信。

　　孟德尔去修道院时，是一名21岁的年轻人，但明显缺乏年轻人应有的自信。在那里，他成为格雷戈尔兄弟，并被纳普收下，在布尔诺神学院做一名圣职学生。四年后，他的问题显然有所好转，孟德尔被任命为教士，并且很快就在一个城市教区担任牧师职务，但仍然在修道院内。遗憾的是，缓解只是短暂的。尽管他的智慧和个性明显吸引并影响了许多遇到他的人，但事实证明，孟德尔在气质上不适合做一名教区教士，就像不适合做农民或学者一样。

　　几个月后，他再次受到抑郁症的折磨，被束缚在床上，与心魔做抗争。

　　当他恢复后，纳普派他去摩拉维亚南部的一所学校给初中生教数学、希腊语和自然科学，并在那里准备考试，以获得高中教师的资格。孟德尔的第一次尝试惨败，但纳普再次陪在他身边。尽管他表现不佳，而且29岁的孟德尔已远远超出正常的入学年龄，纳普设法说服维也纳大学允许他作为学生报名。孟德尔在那里度过了两年，但未完成学位。之后，他开始研究自然哲学，这期间，可能了解到克尔罗伊特和加特纳的植物杂交实验，可能还有奈特作为植物育种者的活动。当他回到修道院时，纳普让他管理花园，还为他找了一份在城里当代课老师的工作，直到他再次尝试通过必要的考试成为一名合格的高中老师。这次，孟德尔的失败比第一次更糟糕，由于紧张和缺乏信心，他再次躺到床上。

　　西里尔·纳普在过去十一年中一直是一位内行的坚定不移的支持者。孟德尔32岁时，仍然缺乏自信和自尊，以至于尽管具有这些支持，但却在挑战面前屡战屡败。然而，他已经照看修道院花园两年，纳普不但让他继续做园丁，还给他一个研究项目以资鼓励。作为进一步的鼓励，他为孟德尔提供了一间玻璃温室以支持他的实验。

该项目是一项豌豆遗传性研究。不能确定这个想法是不是来自纳普，而非孟德尔，但似乎很有可能如此。我们不能确定为什么选豌豆来做这些实验，但在布尔诺图书馆一份皇家学会报告的翻译副本中，奈特描述了他的成果，这可能激发了他们的灵感。

纳普通过他与安德烈之间的联系，几乎肯定会知道奈特的工作。我们不能肯定孟德尔是否阅读过，但如果他没有，那么他本应该阅读一下。纳普在他的苹果育种期内几乎不会错失考虑拓展奈特工作的可能性 —— 他现在认识了孟德尔 —— 一位受过良好教育、对数学感兴趣、具有园艺才能，且仿佛就是为他这项研究而准备的人员。

在修道院考察期间，孟德尔已种植并比较了超过三十个不同品种的豌豆，并确定了似乎适合作为遗传性实验研究对象的七对可比性状。所以，当他于 1856 年开始实验时，在全新玻璃温室的支持下，他可以立即开始针对不同品种进行仔细对照的交叉实验。七年后，他已检查过数以万计的豌豆，成功完成了豌豆实验，并将这项研究扩展至玉米、美洲石竹、黄豆和金鱼草等物种。

上帝终于对孟德尔露出了笑容。豌豆不仅是这些研究的理想研究对象，而且他所选择的性状也恰好可以产生清晰明确的结果。除此之外，他几乎奇迹般地在实验过程中避开了病虫侵害的严重问题，尽管在同一个地方年复一年地种植大量豌豆通常是一个灾难性因素。豌豆蛾的严重侵袭——其幼虫会钻入并摧毁发育中的豌豆荚——会随时破坏他的实验。他在实验观察的过程中非常幸运地躲过了害虫的侵害。仿佛是要强调他的好运，1864年，即他的研究已基本完成之后一年，后续实验中的植物受到严重侵袭，以至于他未从中得到任何有用的结果。

虽然孟德尔在修道院花园里全神贯注地投入对豌豆的实验研究，但据我们所知，在余生中，他似乎已经摆脱了抑郁症。实验完成后，他不仅证明他所选择的性状均代代相传，而且性状的遗传规律也可以采用始终如一的简单数学比例予以表示。

此外，他也提出了一种合理假设来解释他的结果。孟德尔假设存在遗传因子，且遗传因子的存在与否直接关系到特定性状是否显现。

基因尚未跑出瓶子，但孟德尔现已知道它的存在，并开始辨别它的形式。在19世纪剩余的时间里，德国科学家逐渐揭示了孟德尔所提出的遗传因子的形式和实质。然而，在科学家们发现"咒语"并能够驾驭基因力量之前，下一个世纪将是黎明前的曙光。

孟德尔在1865年2月8日对布尔诺自然科学研究协会成员的一场演讲中首次向世界公布了他的研究结果。四十名本地教师、大学教授和业余自然学家在一个寒冷的冬夜聚在一起聆听第一次讲座。

当他完成充满数学比例的演讲时，没人提问。四个星期后，他又进行了另一场演讲，结果相似。他的大多数听众并不太了解他的研究内容，在一个相当沉闷的会场上并没有看出任何重大意义。当年晚些时候，以《植物杂交实验》为标题，他的演讲原文刊登在自然科学研究协会的正式会议文集里。孟德尔向他认为可能感兴趣的大学植物学家们寄送了副本。然而，几乎没有任何回应。两年后，西里尔·纳普去世，1868 年 3 月，孟德尔当选为圣托马斯修道院的继任院长。但他并未进一步呼吁人们重视他的发现，并于 1884 年去世。在 19 世纪剩余的时间里，遗传规律仍含糊不清，且很大程度上被忽视，尽管有时候会被提到。

孟德尔的主要成就在于他的实验总结，而非他的实验本身。实验总结是他想象力的结晶，是他在解释观察现象时得到的大礼，相比之下，他实验的原创性或执行则相形见绌。后来者站在前驱者的肩膀之上，他们的成功更多依赖的是锲而不舍的决心，而非睿智的执行，也许可以对数字做一些明智的调整。毫无疑问，作为数学家的孟德尔必定对性状按照简单的数学比例进行遗传十分着迷，并受到巨大鼓舞，同时发现此规律也适用于豌豆和其他植物的多种不同性状 —— 虽然他所公布的数据并不完全一致，但事实确实如此。

但是，更伟大更重要的秘密隐藏于数学比例的外表之下，后人称之为"孟德尔比例"，以表彰其发现者。孟德尔富有想象力地揭示了这种秘密，为他的声誉奠定了基础。他首次表明，性状按照固定规律代代相传，并非简单的遗传，而是由细胞内实体的存在，以逻辑控制的方式遗传。当时，还没有"基因"这个概念，它们超出了孟德尔的认知范围。然而，他确实意识到了，对于他所观察到的性状遗传，胚胎一定携带着某些表达因子，他提出了一种表示这些因子的方法，一直沿用至今。同时，他还意识到，植物的复杂程度远不止于其外观，因为在某代被掩盖的品质可以在下一代重又出现（图 11）。孟德尔已经开辟了以更多知识和逻辑来培育植物改良新品种的途径，但却没有人给予关注。即使它们的发现者也只是做了微弱的宣传努力，而当收效甚微时，他就对它们失去了兴趣。

当科学家们窥探着瓶子，猜想里面装有什么精灵时，农民、苗圃商、种子商、园丁等群体想方设法了解和利用，打开瓶塞，将它释放出来，进而获得丰收。他们没有等孟德尔向他们展示如何成为植物育种者，也未等科学家们解释植物代代相传的秘密。但是，他们按照奈特的样板，以及卡尔·冯·加特纳里程碑式的巨大贡献，试图扮演创造者的角色，探索以前几乎不可思议的、隐藏在种子神秘的小颗粒里的秘密。

在此之前，新品种仅在偶然间被培育出来，其留存依赖于意外的好运。现在，它们很可能是人们处心积虑的结果，例如，当人们试图生产出更好的卷心菜、更美味的覆盆子或更高产量的豌豆时。19 世纪，英、法、德等欧洲国家，还有美国等地的植物育种者，源源不断地培育出花卉、蔬菜、水果和谷物的新品种。按照经验主义，而非科学方法，他们将种植业和农业发展到新的水平。

成千上万业余和职业的植物育种者亲手尝试培育出新品种，涵盖了农民和园丁们大量种植的各种植物。下文介绍的案例仅仅展现了 20 世纪发展出科学植物育种方法之前他们的努力程度，以及他们为园艺和农业带来的翻天覆地的变化。

水果种植者始终发挥着突出作用，其中著名的公司包括托马斯·里弗斯（Thomas Rivers）创立的公司，后来传给他的儿子托马斯·拉克斯顿（Thomas Laxton）。托马斯·拉克斯顿为温室栽培而种了大约一百五十棵桃树苗，其中约半打（6 棵左右）值得一提。他的儿子继续这项有意义的工作，但主要兴趣集中在培育新品种的苹果和梨，其中的贵妃梨（Pear Conference）是最为广泛商业种植的品种之一。托马斯·拉克斯顿培育了许多新的草莓、玫瑰、土豆和豌豆品种。沿着奈特的路线，他还使用豌豆进行了交叉实验，描述了性状的显性和分离现象，并注意到遗传模式与孟德尔发现的比例相似。拉克斯顿的儿子爱德华和威廉作为新品种苹果和梨的著名育种者和种植者，一直从事该事业到 20 世纪。

在美国，《园艺杂志》（多年来一直是美国发行最久的园丁期刊）的编辑查尔斯·霍维（Charles Hovey），为尝试种植改良后的品种提供了积极的支持和鼓励。自 1840 年起，他便是一位热衷于收集果树、山茶花、菊花和草莓新品种的收藏家。然后，他言行一致地推广他自己培育的草莓苗。例如，霍维幼苗（Hovey Seedling）被广泛认为是振兴了美国草莓种植产业的品种。

同时，美国种植者也对葡萄藤给予了极大关注，采用北美品种培育出适应本地气候的品种的可能性吸引着他们。出生于瑞士的赫尔曼·耶格（Hermann Jaeger）为了寻找抗霉品种，在他位于密苏里州奥索卡高原的农场中种植了大量幼苗，最终，他成功了。除了为后续植物育种者提供基础储备，其重大历史意义在于，当欧洲传统葡萄种植区中的欧洲品种被原产于美国的葡萄根瘤蚜虫侵袭时，无任何抵抗力，且存在大规模荒芜的危险，而耶格拯救了欧洲葡萄酒商，因为他们面临着几年内葡萄园彻底遭破坏的可怕前景。耶格送给他们数十万根抵抗性砧木根，在这些砧木上嫁接了易感染品种。

雅各布·摩尔（Jacob Moore）1836 年出生于纽约布莱顿，大半生致力于通过系统性、半科学性的方法种植红醋栗、草莓、梨和葡萄。这些种植都非常成功，但可怜的摩尔却因为毫无原则的苗圃护理员无耻剽窃了他的发明而获利甚微。心烦意乱的他后来花了很多时间尝试通过立法来保护植物育种者的权利，却没有成功。

另一位著名的业余植物种植者马歇尔·怀尔德（Marshall Wilder）约生于 1832 年，是马萨诸塞州一个大庄园的业主，也是美国果树栽培学会的重要成员和创始人之一。梨、山茶花和杜鹃花是他所宣称的兴趣所在，但他的兴趣范围如此之广，只能称之为"大杂烩"。据说，如果他的口袋中没带着一个骆驼毛刷，他就不会去任何地方，因为怕错失任何杂交机会。

在此期间，得益于植物培育者的努力，许多最受欢迎的园林植物被培养出来。1850 年，詹姆斯·凯威（James Kelway）在萨默塞特的朗波特开设了一个苗圃，在那里，他专门种植唐菖蒲等新奇植物。冯·侯特（Van Houtte）已经在九年前引入了第一批杂交品种。使用这些库存，并通过与其他品种进一步杂交，凯威于 1861 年培养出了第一批现代花卉杂交品种。

同时，19 世纪下半叶也发展出了由近代水仙（modern daffodils）和水仙（narcissi）直接遗传下来的杂交品种，这些杂交品种 19 世纪 80 年代由可敬的英国传教士恩格莱特（Engleheart）引进。大约在同一时期，甜豌豆由一位苏格兰人亨利·艾克福德（Henry Eckford）改良而来。他在种植一段时间的马鞭草和瓜叶菊之后，在舍罗普郡韦姆镇购置了一块苗圃。从那时开始，他在

19世纪最后三十年间的成果形成了具有更丰富的色彩和更大的花朵的新品种（图12）。甜豌豆使韦姆镇的名称挂在上流社会人们的嘴边，在艾克福德的美好记忆中，一年一度的甜豌豆秀，如今已成为城镇历史上最著名的活动。

有些地方，有人会尝试培育任何物种，无论有多困难，甚至是兰花。约翰·多米尼（John Dominy）在德文郡埃克塞特附近著名的詹姆斯·维奇（James Veitch）苗圃工作，于1856年通过杂交两种虾脊兰，用种子培育了第一株杂种兰花。他将秘密传给了维奇的另一名雇员约翰·森登（John Seden），当时，森登因育种大岩桐、秋海棠等温室作物而出名。19世纪七八十年代，森登从大范围的杂交中培育出许多兰花杂种，其中一些杂交是在不同属的物种之间。森登的结果表明，较远缘植物物种杂交可能实现，这使得许多园丁迷恋兰花育种，并为当今价值数百万英镑的兰花产业奠定了基础。

19世纪后期，杰出植物育种者的奖项应当归属卢瑟·伯班克（Luther Burbank）（1849—1926）。作为最伟大的先驱园艺家和植物育种者之一，他培育出了八百多个植物新品种，其中包括苹果、梨、李子和草莓，以及多种蔬菜、园林花卉和谷物，甚至包括无刺仙人掌，可以用于世界干旱地区养牛，但今天似乎已经灭绝了。

在他的无数成果中，脱颖而出的有圣罗莎李（以他在加利福尼亚州的苗圃地点命名）、离核桃子（加利福尼亚州罐头工业的基础）和伯班克马铃薯。伯班克马铃薯成为美国最广泛种植的马铃薯，据说是制作麦当劳炸薯条的唯一品种。

19世纪是苗圃主作为植物育种者的黄金时期。他们受到引自海外的植物的刺激，特别是来自中国和日本"秘密"花园的植物。实干的农民和园丁不仅第一次认识到种子揭示植物秘密的意义，而且打破了物种不变性的成见。自19世纪初开始，近缘动物和植物之间的相似性，以及它们之间在进化过程上的明显联系，越来越多地使动物学家和植物学家怀疑神创论和物种不变性的可靠性。但是，在没有任何驱动力或日常证据的情况下，观察和怀疑是一回事，可以为进化提供科学依据是另一回事。部分人坚持认为《圣经》中关于造物主的描述回答了所有这些问题，而无法解释一个物种如何演变成另一个，如果想挑战这种根深蒂固的信念，必定是徒劳之举。

随后，此僵局被科学界的一个恰当的巧合打破。

1838年，在皇家海军小猎犬号（HMS Beagle）将他安全地带回英国两年后，查尔斯·达尔文读到托马斯·马尔萨斯（Thomas Malthus）的《人口论》，该书当时已经出版了四十年。阿尔弗雷德·拉塞尔·华莱士（Alfred Russel Wallace）十六年后读到了该书。达尔文在去世前写的家庭回忆录中回忆道，两人的思维是一样的。"它立刻让我觉得，在这种情况下，有利的变种往往会被保留下来，不利的变种将被摧毁。其结果将是新物种的形成。在这里，我终于得到一个工作理论，但我很想避免偏见，我决定一段时间内不去写，即便是最简短的草图。"达尔文的思想已经开始汇集进化证据，尽管对《圣经》的创世论表述提出质疑令他十分担忧。

拉塞尔·华莱士使用与达尔文前两句话几乎相同的话来表达他的感受，但他对启示的回应却十分不同。通过植物和动物采集活动，以及在热带国家旅行，他已习惯了将思想转化为行动。他曾经相信，只有进化过程才能解释他不断观察的结果。他坐下来，整理了他的想法，并写了下来。他把结果寄给达尔文，经过充分的说服后，后者同意了他的观点，并在提交给林奈学会的联合论文中公开了几乎相同的结论。达尔文的著作《物种起源》1859年出版，以不容忽视的方式解决了几十年来对进化的推理猜想。它造成了达尔文与他所敬畏的教会社区之间的冲突，但他不想面对。

随后，科学界的许多成员不情愿地接受了这个结论。多年后，达尔文和华莱士的想法才得到普遍接受，特别是我们与猿类的共同遗传，对许多人来说是一个非常难以接受的想法。冲突持续到今天，宗教激进主义者仍然坚持认为，《圣经》对事件的描述不可替代。在生命的最后几年，卢瑟·伯班克被臭名昭著的"猴子审判"所激怒，美国的一名高中老师因教导"达尔文主义异端"而被起诉，在法庭上为自己辩护，公开宣布自己是一个自由思想者，既不相信神创论也不相信来世。尽管达尔文终生都在用实践去证明他对物种可变性的信念，但这令许多敬畏上帝的先前的支持者（主要是些园艺家）震惊，他们用抗议信和愤怒的评论淹没了他。毫不奇怪，在这个国家，很多苗圃主倾向于进口新品种，而不是通过沉迷于创造性的行为来篡改上帝的创造。

但即使在神职人员中，达尔文也不缺乏有影响力的支持者。1859年11月18日，汉普郡埃弗斯学校校长、《水宝贝》的作者查理·金斯利（Charles Kingsley），写信感谢达尔文向他寄送了《物种起源》的副本。他们两人通过达尔文的妹妹结识，而达尔文的妹妹与金斯利一样，积极参与取缔雇佣儿童作为烟囱清扫工的运动，并在运动中起到了极为重要的作用。达尔文也认为雇佣儿童作为烟囱清扫工这一措施令人震惊。在信中，金斯利提到了《物种起源》：
"我在书中看到的一切都让我倍感敬畏。不仅仅是因为里面有大量
的事实以及您的名望，更是因为书中清晰的直觉。如果您的观点是
对的，那么我必须放弃我所相信并且写过的很多东西……我很久
以前便观察了驯养动物和培育植物的杂交，学会了对物种不变持怀
疑态度。我已经逐渐学会看到，相信上帝创造的原始生命能够自我
发展成必要的形式，与相信上帝需要新的干预措施来弥补他自己的
空白一样重要。我怀疑前者是否是一种崇高的思想。"

达尔文因质疑创世纪学说和物种不变性而受到宗教激进主义者
的攻击，换句话说，他认为基于后代差别生存能力的自然选择是物
种变化或进化的动力。这种观点有一点讽刺意味，虽然自然选择确
实可以作为物种变化的机制，但通常情况下，它更像是一种站在创
新对立面的保守势力。

在公园散步时可能会遇到各种类型的狗，它们的体型、大小、
颜色和外观都是自由表达情况下单一物种基因多样性的突出例证。
相比之下，自然似乎最为保守，所以只有最具有怀疑精神的敏锐观
察者才能够发现在物种的一生中有指向进化的线索。自然选择非常
有效地限制了在动植物驯化培育中可导致明显差异的变异类型，因
而长时间以来一成不变的《圣经》教义似乎只是依赖个人经历，通
过人为满意的方式来解释世界，这一点也不足为奇。

在大多数时间里，自然选择将大多数物种限制在具有狭窄基因
类型的个体中，这些个体并不能解释遗传类型或基因型的多样性。
现有基因型的绝大多数变异都会产生比既有个体更不适合生存的植
物，导致这些植物随即消失或最多在一两代内就消失。基因多样性

让植物对一直存在的自然选择做出反应，但只有能够对某些现状变化或面临的新挑战做出响应并获得新性状组合优势的个体才能生存下去。某种特定的植物看起来基本相同——至少通常情况下是这样——这就是为什么我们很容易认出我们所看到的野花，并与周围其他物种明显区分开来的原因。

植物生长在固定位置，无法四处游荡寻找伙伴，导致古典哲学家无视植物的性别概念，他们认为如果植物无法移动，则显然无法进行性接触。随之而来的便是两千年的认知停滞，在这段时间内，花朵被认为是浑然天成、完美无瑕的生物，不受性的玷污。到 19 世纪末，卡梅隆证明了大多数植物无性的假想是错误的，并阐明了性是物种世代相传的过程这一观点（图 13）。之后，生物学界便出现了染色体和基因位点、孟德尔遗传单位等概念，尽管仍有许多知识有待发现，但达尔文和华莱士提出了植物和动物进化的机制。种子作为植物传递其基因的一种手段，具有无可挑剔的品质和可行性。在 20 世纪，人们以难以想象的方式看到这些预言得到证实，并将这些已得到证实的预言传播扩散，但这个过程也并不总是一帆风顺。

第三章

种子的形成

最早的陆地植物，像藓类、苔类、石松类、木贼类和蕨类，它们都是孢子的制造者。尽管孢子与种子相似，特别是在移动和开拓新的场所的能力方面，但是它们的形态和功能有着明显的不同。孢子本身并不是性的产品；相反，如我们所见，是它们导致了植物生活史中发育出雄性和雌性器官的阶段。在孢子植物中，至少在一个短的时期内，有性繁殖依赖于水的存在，以确保雄性细胞可以游向雌性细胞。尽管有这些限制，苔藓、蕨类植物以及它们的"亲戚"不仅在数百万年前旺盛生长，而且一直与人类一起继续繁荣，无论生存条件是否符合它们的喜好。

在新西兰峡湾的莫河边的一次散步，让我相信了孢子和种子之间利益的平衡是多么微妙。这次旅程开始于一片充满了狭窄的、草状叶子的植被，地面上生长着芳香草、莎草和新西兰亚麻，附生的百合紧密地生长在树枝上，攀缘的新西兰基藤赋予树干用狭窄的吊坠树叶制成的密集的遮盖物。沿着小路走几百米，眼前的景象变换了，宽阔而有光泽的深绿色的叶子填满了柱型树干的间隙，那里有鹅掌柴和枪木，阔叶树和瑞香科灌木，而且几乎看不见芳香草和新西兰亚麻了。再走远一点，在我的身边是黑色的树干和纷飞的树蕨类植物的叶子。在它们下面，森林的地面上堆满了更多的固着于土地的同类物。盾蕨类植物的叶子充满了水分，它们闪闪发光，好像充满了油，在我腿上刷着，把我的膝盖下面都浸湿了。皇冠蕨的群落里，还有母鸡蕨和小鸡蕨的苍白拱形的叶子，闪烁在阴影中。它们点亮了黑暗的深处，和一小组威尔士亲王羽毛——超级时尚的矮小的蕨类植物，展现出它们羽裂的、深绿色闪闪发光的叶子。膜蕨生长在更低的树枝上的厚厚的苔藓等苔类植物间，巩固了形成于阔叶植物出现之前的更古老世界的总体印象。

然而现在这些多重世界平行存在着，被分开仅仅几百米。存在（或不存在）窄叶或宽叶，结种子或含孢子（图14），这些差别是由于裸露、土壤水分、过去的经历和当前的环境——这些微妙的、几乎不可区分的变化——所导致。像这样的地方，会紧接着出现在几米之内的另一处，强调着如何精妙地保持优势和劣势之间的平衡。在地球上有很多地方，几乎没有蕨类植物生长。在其他条件有利于蕨类植物的地方，它们生长茂盛。孢子植物和种子植物的繁殖是完全不同的两种方式，但是那些这种方式比那种更好的说法，被我们在树林里散步的所见所否认。

花粉和种子标志着植物命运的转折点，最终产生了现在地球上绝大多数的植物。现今，花粉和种子在裸子植物中被发现，这些植物包括苏铁（图15）、银杏和针叶树，以及今天世界上的主要植

物 —— 开花植物。然而，在何地、何时出现了花粉和种子，仍然
是一个令人兴奋的科学问题。

要寻找这个答案，我们得追溯到 3.5 亿年前的泥盆纪时期。在
大约五千万年里，石松、蕨类植物、木贼类、苏铁以及后来的松柏
类 —— 算是独立且特殊的一类 —— 全部都在竞争生长的空间和阳
光。植物不再像是以前的藓类和苔类植物那样被限制生长在水分充
足的地方。植物已经找到方法在干旱中生存，在远离湿地和河道
的环境中茁壮成长。它们已经形成了类似根的器官 —— 有能力将
土壤中的矿物质储存起来的器官，并且找到了不能通过四处运动
去寻找伴侣这一繁殖问题的解决方法。在这种情况下它们形成了
导水系统、叶子和根、专门的性器官、孢子、种子和花粉 —— 今
天我们所熟悉的一切形式。通过发育木质组织，植物可以使自己
在竞争中长得更高来遮蔽同类。曾经在某个地方，在这一时期和
随后的石炭纪，树蕨、红藻、木贼、裸子植物等早已长满了山谷，
覆盖了丘陵和山坡。三亿多年来，土地上的植物主要的创新是花
的演化。

泥盆纪动乱似乎为种子何时、何地和如何产生这一问题的解
答展现了希望。不幸的是，不同种类的植物化石共同出现在相似的
时代、相似的地点。有时候挖掘的化石揭露了当今不为人知的植物
种类的存在，它们其中有一些曾经被当作是孢子植物和种子植物中
缺少的一环。它们包括一组被称为前裸子植物的植物化石，曾经被
当作苏铁和松柏类的直接祖先。它们在泥盆纪早期很茂盛，而且从
地质年代上来说不久将会灭绝（大概五百万年以后）。前裸子植物
可能是孢子植物祖先这一观点，在一个名为兰卡利亚（*Runcaria*）

的植物化石在 2014 年被重新解释的时候受到了挑战。兰卡利亚是 1968 年在比利时发现的具有 3.85 亿年历史的化石，与前裸子植物处于同一时期。兰卡利亚具有明显的种子植物的特征，并且被称为种子先驱：一个走向种子植物的谱系成员。在 20 世纪初期出现了一些与孢子植物和种子植物有关联的其他的候选者。种子蕨——表面上与苏铁相似的植物——曾经也被认为是中间的连接，直至后来发现了更多有关其繁殖的细节，尤其是当人们发现，种子蕨出现在种子植物之后，这个问题就更清晰了。关于种子植物起源的问题还有待更多的证据。

陆生植物的生命有两个阶段（或者世代），并且交替出现。一个阶段产生生殖细胞（即配子），另一个阶段产生孢子。这两个阶段分别被称为配子体世代和孢子体世代。这个变化过程被称为"世代交替"。想象这些蕨类植物长在你窗台上的花盆里或者长在潮湿的墙里：这就是一个孢子体。孢子由在叶背面的棕色区域中的产孢结构产生。它们被风吹掉了，当着陆于适宜的地方时，孢子萌发产生配子体。蕨类植物配子体是短寿的、脆弱的绿盘型组织，被称为原叶体。它唯一的用途是产生和维持雄性（精子器）和雌性（颈卵器）器官。能动的雄性细胞（精子）由精子器产生，在一层薄水中移往颈卵器，它们在那里使一个卵细胞受精。接下来，这个受精的卵细胞渐渐发育成为一个新的孢子体，随着孢子体的发育，原叶体（配子体）会萎缩并死亡，并且这个变化过程会重新开始。

种子植物分为裸子植物和有花（被子）植物。在它们的生命循环中，配子体阶段是短暂的，并且需要孢子体的支持。不同于蕨类植物，它们的配子体并不独立存在。在大部分陆地植物中，孢子体处于主导地位。然而，在藓类和苔类植物中，其绿色的多叶的时期就是配子体时期，孢子体就是我们在秋天撅的绿色叶子上的荚。两个时期中其形状大小之间的差异，为我们提供了潜在的有关种子起源的线索。

设想这样一种情况，受精卵细胞没有很快发展成孢子体，而是它的保护屏障在胚芽周围生长。实际上这就是一个种子。尽管种子的技术性定义是被包裹的雌孢子体。原叶体将会枯萎死亡，但"种子"会遗留下来。在"种子"的范围内，胚芽将被保护直到有利条件为其提供成长的机会。

下一个步骤本应该没有孢子，并且取代了类似于那些由改良的育芽生长的生殖器官。颈卵器中产生的卵细胞可以由雨水或是风传播，通过精子器中的精子受精，实现花粉的作用。如果孢子叶有很多层，在短茎上一层一层堆叠起来，会变成角质的或木质的，最终变成椎体 —— 就像在苏铁和针叶树中发现的那些。从孢子植物到种子植物的进展既非不可能，也并不复杂。这个过程十分模糊，因为已经发现的化石寥寥无几。

种子从父方和母方那里继承了它们的品质：每一颗种子在基因遗传上都与父母和兄弟姐妹截然不同。在花园里，种子植物是引人注目的。当我们偶然碰见苔藓、蕨类植物等孢子植物，会发现它们通常是在专门的栖息地，经常是角落和缝隙处，比种子植物和开花植物缺乏吸引力。

在过去的几百万年间，种子植物进化的优势可能只是对于气候的反应。我们碰巧生活在一个开花植物主宰陆生植物的年代。历史

上并非总是如此，而且未来也许不会永远如此。也许有一天我们的
星球会回到受蕨类植物和其他孢子植物喜爱的更潮湿、更温暖的环
境条件。孢子植物的生存方式不同，但这并没有使它们更低效；毕
竟，地球上的煤炭是树状石松和木贼的遗迹。

　　最早的苏铁属植物化石可以追溯到 280 万年前，并且是仍然和
人类共存的最早的种子植物之一。它们曾经大量聚集存在，但是现
在一般分散存在。然而在一些地方，可以看到它们像古代一样聚集
存在。在南非北部的莫迪亚吉自然保护区，苏铁属植物密集地聚集
在这片广阔的地区，以至于形成了名副其实的森林。

　　这是一个不同寻常的地方，这里深暗丑陋带刺的原始植物枯
瘦而又密集地挺立在高温中。残破的树叶松散地悬挂在空中，呜咽
地发出哗啦哗啦的声音，在温暖的微风中沙沙作响，好像它们真的
在为过去的千年而呜咽和叹息。比如龙舌兰和棕榈树，它们是从远
古遗留下来的主要植物。它们干枯粗糙的纤维状树干被大火熏黑。
它们的复叶是由厚而钝的、深亮青色或绿色的材料参差不齐地生成
的，这些叶子几乎没有相似之处。一些是笔直的，一些扭曲得像巨
大的爬行动物的身体，另一些有球根状臃肿的赘出物。奇形怪状的
黄色球果在叶子之间冒出来，看着突兀而又笨拙。

　　这些笨拙畸形、有金属光泽的有角的怪物是花粉和种子的早期
发明者之一。这些数亿年后被开花植物继承的发明，导致了动植物
之间大量令人难以置信的联系。花粉改变了有性生殖；花粉被风从
一株植物吹送到另一株植物，使得在距离遥远的伙伴之间传粉成为
可能。被风吹送的种子，使得后代在远离父母聚居的地方大量繁殖
成为可能。

在莫迪亚吉丛林的苏铁属植物有两种。它们不是两个不同的物种，而是两个不同的性别：它们是雌雄异株的。雄株产生花粉，雌株携带里面长有种子的球果。这看起来很简单，但是这样简单的性别分离在植物界不同寻常。植物拥有的选择权和性器官的安排方式，使它们能够用比动物更多样化的方式，更富有创造力地表达性。在绝大多数动物中，雄性和雌性交配，雌性会怀孕。没有雄性就没有怀孕——除了单性生殖的现象，比如花匠熟知的蚜虫（在这种情况下每一个后代都是一个母本的克隆体）。苏铁属植物在它们的性别隔离中绝不是个例。花匠可能知道，如果想要得到浆果，他们必须买两株冬青树——一株雌株，一株雄株。然而他们可能会惊讶地发现：金王提供浆果而银后提供花粉。

银杏是濒临灭绝的植物的最后的代表，也是雌雄异体的。几种主要的裸子植物也是如此，尤其是紫杉家族的成员和来自南半球的罗汉松大家族。在开花植物中，雌雄异株不常见。来自南半球的乔木和灌木比起北半球的乔木和灌木，似乎更倾向于性别分离。雌雄异株明显的缺陷是只有雌株产生种子，所以正如花匠关于冬青树的发现——其中有一半是不结种子的。每一雌株不得不繁殖出两个能够生长成熟并且繁殖的后代，而不是单个的同时具有雄性和雌性的后代（雌雄同体）（图16）。

大部分植物是雌雄同体的，但是大多数植物并不是自给自足的种子生产者。大自然憎恶自花授粉，尽力确保异花授粉的法则。许多具有独创性的方法确保来自邻近植株花朵的花粉粒——与同一植株的同一朵或者另一朵花的花粉粒相比——更有可能长出种子。

　　自花授粉经常因花粉不被柱头接受而受阻。通常花药在花柱之前成熟，但是有时候顺序会相反：在植株自己的花粉释放前，花柱就已经枯萎了，并且柱头也不接受花粉了。花药和柱头错开位置，减少了花粉直接传播的可能性。它们通常在不同的时期生长，所以没有直接接触的可能性，花粉就会传到其他的柱头而不是自己的柱头。

　　兰花有双重保障。花药和柱头在不同的时间成熟，但是因为花药在柱头接受花粉部位的后面，只有在昆虫探索到花朵的深处，用身体碰到花药，把花粉传送到另一朵花时才有可能发生传粉。下次你发现一株兰花，把火柴棍伸到花朵里，模仿昆虫探索的动作。如果幸运的话，当你移开火柴时会发现，一根雄蕊就像一个充满花粉粒的小气球粘到了火柴棍上；四处走动一两分钟，然后把火柴棍伸入另一株兰花的花朵里——你现在扮演了昆虫的角色。你将会注意到雄蕊弯下身体，花药指向前方，这样的话当它们进入花朵时，就被按在形状像盾牌的柱头的表面。花药会粘在上面，释放出数万甚至是数十万的花粉粒来使兰花子房中成千上万的卵细胞受精（图17）。

　　康拉德·施普伦格尔不是第一个去深入研究报春花，想知道为什么有两种略有差别的模式的人，却是第一个写下他所看到的现象的人。在一些花朵中，花柱一直伸到花冠管的入口处，而在另一些花朵中，花柱伸入几乎不到一半。施普伦格尔无法解释这一现象，把这一现象留给了查尔斯·达尔文去研究。

　　对于一些人来说，大自然有着无限的吸引力，达尔文就是其一。他最著名的作品《物种起源》阐述了进化论的观点，包括物种内部的变化、性状的遗传、选择、时间和适应，并且发展这些理论来解释生物多样性。他还出版了其他重要的书籍，包括《异花授粉和自体授粉在植物界中的效果》。在这本书中，达尔文把长花柱的花描述为"有眼儿的别针"，短花柱的花描述为"有眼儿的线头"。进行异花授粉时，只有用长花柱花对短花柱花授粉才能得到种子，长花柱与长花柱或者是短花柱与短花柱都结不出种子。大自然的这个简单的方法确保了报春花几乎总是异花授粉。在千屈菜的花中发现了相似的（但是更复杂的）机制。在这些花朵中，花柱或长或短，并且花药生长在或长或短的花丝上。

苏铁属植物利用风来传粉。针叶树也是如此。我们熟悉的许多阔叶树和灌木仍然把花粉散布到空气中，充足的花粉有可能停留在附近花朵的柱头上，产生充足的种子来维持种群数量。毫不奇怪，这样的植物必须释放大量的花粉，并在容易到达的地方开出花朵，以增加命中的机会。桦树、榛树等木本植物在叶子形成之前就会在光秃秃的枝上开出花朵。草本植物将花开在叶上方的密集的头状花序上。风对香味或花蜜的甜味没有察觉，色彩鲜艳的花瓣仅仅阻碍了花粉的进入。风媒花常被剥去必需的部分。例如，柔荑花序柳絮是由层层密集的花构成，有较多的花药或雌蕊。花粉自由飘浮在空气中，可以随意在任何地方停下，所以单独的柱头不可能是更多的花粉粒留驻的地方。正因为这样，通常每一个柱头都有一个胚珠。一个草籽是一朵花的果实。桦树花有两种类型，每种都服务于子房内的一对胚珠。一棵橡树上的雌花是一到三朵，结一到三颗橡子。组成针叶树球果的鳞片形成一系列花粉陷阱，每一个鳞片里只产生两个种子。

　　风作为花粉的散布器，很好地为植物服务，但是它的随机性使其拥有了明显的改进可能性，甚至苏铁类植物也不完全依赖风。小甲虫在南美苏铁植物的雄球花中觅食，拾起其中的花粉并带着花粉飞出，进入雌球花中。丰富的种子其实是昆虫觅食行为的副产品，而不是植物与甲虫之间刻意的合作目的。

　　不像风，昆虫不会平白无故地工作，它们也不会随机地散布花粉。昆虫仅仅服务于那些吸引它们注意力的植物，这些植物为昆虫提供着陆的地方，引导它们朝着应该去的地方前进，并奖励它们的努力。吸引力、休息的地方、引导和奖励，造就了昆虫对花的支持。

　　香气和颜色是危险的诱惑，且花瓣是着陆的平台。花瓣表面上的阴影、线条和花纹——在被紫外线照射显露出来之前我们的眼睛通常是看不到的——充当向导，当然，花粉或花蜜是奖赏。把以上这些聚集在一起并制造种子是花的意义所在。所有这些令我们感到愉快的事物——来自蜜蜂采蜜的花瓣的香气、颜色、引人注目的标记和花蜜——仅仅是为了更有可能使一朵花上的花粉被携带到另一朵花的柱头上。

　　花朵用花或花粉来报答蜜蜂，常常二者并存。三叶草、苹果、紫草科植物、石南属植物和酸橙为昆虫提供花蜜，并且通常被采集做成蜂蜜。黄花柳、罂粟属植物、黄药子和金丝桃则为昆虫提供花粉的奖励。蜜蜂访花，寻找花粉或花蜜，花确保它们必然会带走花粉——这个代价让开花植物有更好的授粉前景并生产更多的种子。大多数花朵生产更多的花粉，以确保其中有一小部分由昆虫或其他传粉者携带到接受的柱头上。

　　动物从一朵花携带到另一朵花的花粉的数量，远远大于花雌蕊中的受孕胚珠所需要的最小数量。不像风授粉的植物，单独的柱头不可能得到更多的花粉，因而一次授粉只能生产一粒种子，西红柿、罂粟花、毛地黄、风铃草属植物、兰花等植物的柱头经常接受数以百计的花粉。而且，在适当的时候，它们的花朵会产生大量的种子。然而，菊科植物、草莓和蕨麻的花，也是由昆虫授粉，却保持在风媒传粉中所观察到的一个柱头、一个胚珠、一个种子的规则。

　　花蜜，不像花粉，在植物的生命周期中不起作用，在开花植物的进化早期，作为一种经济的方式来吸引和奖励动物，花费很少，而且进化得很早。它是蜜腺或其他专门的腺体分泌的。蜜腺出现在花的不同部位，并有不同的类型。早期的植物学家不能确定其功能。在某些花中，花的每一部分都为蜜腺服务。它们作为改良的萼片出现在乌头、金梅草和藜芦等花中。白头翁花牺牲少数雄蕊转换成蜜腺，沼泽金盏花的蜜腺则位于其心皮两侧小凹陷处。野生铁线莲，或称老人须，完全依赖花粉吸引蜜蜂和苍蝇，而唐松草因为缺乏蜜腺，无须昆虫，依靠风来传播花粉。毛茛的蜜腺在花瓣的基部，而耧斗菜的蜜腺则藏在花瓣下端细长的管中，那里只有长舌头的昆虫才能造访。大黄蜂的舌头远不足以达到花蜜，然而它们是花蜜强盗，通过咬花蜜基地来采集花蜜。

　　但花也会骗人。帕拉塞斯山的草地里美丽的花朵，像是优雅的、象牙色的毛茛（尽管它们之间没有关系），其实都是欺人者和受益者。在它们的 10 个雄蕊中，有 5 个是金色的腺体，看起来就像闪闪发光的花蜜，但其实不提供给昆虫任何奖励。在这些不育花药的底部可以找到花蜜奖赏（植物产生的集中能量的物质）。欺骗和反欺骗是数百万年进化的结果，但是，在人类社会中，无赖（流氓）总是会破坏规则来赚钱。

直到 19 世纪初期，在学术界关于花蜜的功能还一直不明确，并且产生了相当多的学说。有些人认为它接收并吸收了花粉，并且同样在卵子受精的过程中起了一些作用。林奈研究了蜜腺，却没说明蜜腺有任何功能。有些人把花蜜看作是排泄的产物；另一些人断定它会对植物造成损害，而蜜蜂提供将花蜜带走的服务。有的人认为这是一种消耗过剩能量的方式，不久将用于滋养还在生长中的蜜腺。施普伦格尔是第一个清楚明白地说出它的功能是为了吸引蜜蜂给花朵传授花粉的人，但是，正如我们所见，没有人给予他多少关注。

这种关于蜜腺与昆虫特别是蜜蜂之间的关联，直到即将进入 19 世纪还显得如此模糊，简直不可思议。园丁们似乎比学者们更了解花粉在植物繁殖中的作用，尽管他们很少公开发表想法，不像学者总是特别渴望表达自己的观点。也许养蜂人是通过实践经验而不是哲学思想去认识身边的世界，所以他们对蜜蜂采蜜和传粉活动的认识才会比同时代大学里的那些人更深入。

花蜜、花粉和蜜蜂在种子的形成和人类的健康和繁荣中起着极其重要的作用，因此我们很容易忽视植物所吸引的其他动物在从花到花的运输过程中所扮演的角色。昆虫是卓越的，在特定的昆虫和特定的花朵之间存在着无数种特殊的关系。就蜜腺来说，即使是密切相关的花也可能是专门吸引不同的传粉昆虫，并且它们的形状、颜色和香味告诉我们大量的动物被它们招募作为传粉昆虫。

颜色鲜艳、宽喇叭形的花冠让杜鹃花在园林里较为知名。它们所产的大量的种子得益于大黄蜂和蜜蜂的高效率，绝大部分园林杜鹃花都靠它们来传粉。但是，杂交杜鹃花不依赖蜜蜂作为传粉者。不像我们熟悉的陆生杜鹃花，很多杂交杜鹃花会在热带地区凉爽潮湿地区的树枝上附着生长。它们生长在山上的森林里，广布于广阔的东亚南部，从印度南部、跨过缅甸，直至马来西亚半岛。它们遍及印度尼西亚，大量存在于新几内亚岛。其中的一个物种甚至穿越帝汶海（Timor Sea），在澳大利亚南部的山上大批生长。

这种杂交的杜鹃花和熟悉的适应力强的杜鹃花有很大不同：它们的颜色和形状给它们所依赖的授粉者提供了线索。花粉管狭窄的话，通常会垂下来，并且颜色是红的、紫的或者是粉的，这些是依靠鸟类授粉的。被这些颜色吸引后，鸟类会猛地将鸟喙插进花中，吸取花管底部的花蜜。当它们吸蜜的时候，额前会沾上一层花粉。一种颜色比较浅的、通常是黄粉色的、硬币形状的花，提供了蝴蝶可以停留的平台。另外一种，同样是有狭窄的花粉管，通常是白色、米黄色，或者浅黄色，它们在夜色降临的时候释放香气来吸引昆虫；昆虫在其附近飞的时候，会将长鼻子插入花的花心。还有一种颜色浅的、碗状的、比较香的白色杂交杜鹃花给蝙蝠提供了喂食平台。

在某些地方，许多昆虫、鸟类、哺乳动物，甚至一些爬行动物会被诱骗、收买或迷惑去帮助植物授粉。在南非，猴蝇用夸张的长喙给球根植物的花授粉。在英国，飞蛾寻找剪秋萝属植物的花产卵，以便孵化出的幼虫可以食用正在发育的种子并给花朵授粉。这些植物牺牲其一部分种子，但显然，这是一个专门为传粉者所带来的好处，而不是弥补这一损失。黄蜂被囚禁在未成熟的花里，为无花果传粉是它们被释放的代价。野生的海芋和马兜铃的花形成的管道，容易使小的苍蝇和甲虫困在陷阱中，在昆虫被带上一层花粉后再将它们释放；等到另一朵花上，它们被再次囚禁，直至最后释放。

　　有些植物是专家，它们与一种昆虫结成排他性的联盟。另外，如胡萝卜家族，为所有的来访者提供了一个开放的平台。它们广泛分布，扁平的花序由成百上千的白色花朵组成，它们可以接触到各种各样的苍蝇、蜜蜂、黄蜂、蝴蝶和甲虫。南非的太阳鸟和澳大利亚西部的食蜜雀给山龙眼的花授粉，而矮小的负鼠会被矮生的山龙眼和蓟序木的花蜜所吸引。太阳鸟在南非给山龙眼授粉，寻找花蜜奖励的啮齿动物为非洲百合提供相同的服务。在东非，人们认为，长颈鹿在相思树的顶部觅食时会不经意地将花粉传播（图18）。

　　数千年来，同盟间的网状结构迅速地发展，并且几乎每一种植物的每一种类型都可能有其传粉者。澳大利亚西部的红栌，有五十多种，产生成团的发白的花朵。每个种类在独有的蜜蜂的帮助下演变成特殊的关系，这些蜜蜂好像被花丛中小的、黑色的特殊形状的尸体所吸引，也许是因为它们把那些错看成了自己的同类。每种蜜蜂给一种红栌传粉；每种红栌与邻近的种类存在着精确的基因隔离。或者说它们过去就常常这样，直到蜜蜂到来。对蜜蜂来说，获取任何一种红栌的花粉或花蜜的机会都是均等的。当蜜蜂随意地从一朵花飞到另一朵花上，混杂的授粉导致物种杂交的现象，某种程度上一些地方的物种会因此面临灭绝的危险。

所有这一切巧妙的努力的唯一目的是提供一个载体能够传送花粉到接受花粉的柱头。花粉粒等同于塑料袋，它们发挥了短暂的作用，然而它们是由最稳定的不能生物降解的材料——一种叫孢子花粉素的材料组成的。它们有特别强的耐腐蚀性，以至于花粉粒是寻找远古时期哪些树是生长在什么地方的最主要的方式，因为它们可以从数千年的榛树、橡树、赤杨树、桦树等树木中存储下来。花粉粒用肉眼看是极小的、黄色的球体，没有特别突出的特征。然而，在显微镜下，这些普普通通的黄色球体呈现出相当多样的明显不同的形状，表面有花纹和雕刻图案，甚至可以用来区分不同种类的植物。

授粉之后，花粉粒就会堆积柱头的表面上——也就是说留在了门口。它们仍然需要进入细胞，并且在完成这一过程后，将细胞核中含有的染色体转移到花深处的卵子中。进入的第一个关卡是拥有正确的密码。通道只对合适物种的花粉粒开放——然而也不完全是这样，否则杂交是不可能的，但至少只对那些有足够紧密关系的植物提供资格。下一阶段的变化取决于相关的植物。门口离卵细胞可能只有几毫米的距离。例如，罂粟花子房上面的柱头是一个宽阔的平台，周围是聚集的胚珠。相比之下，在木槿花柱头上沉积的花粉在到达胚珠之前仍有六七厘米的距离。

在缺少观察或实验证据的情况下，精源论者推测，整个花粉粒顺着空心的花柱往下钻，直到抵达胚珠。约瑟夫·克尔罗伊特在

1760年打消了这个看法，他观察到，花粉粒躺在柱头表面而不是使身体穿过柱头，然后，很明显地解体了。克尔罗伊特在显微镜中没有发现根状增生（花粉管）从花粉粒中显露并以向下增长的方式向胚珠中心生长。他也无法观察到花柱内的组织是由开放的海绵状细胞组成的，它们允许花粉管自由通过进而抵达胚珠，为其提供营养物质。

花粉管旅程的终点是进入胚珠中一个胚囊的入口。这不是个简单的任务，就像在比赛中赢家才能获得一切，可能有上百万的花粉管去争夺第一。当其中的一个携带两个细胞核进入胚囊并使卵细胞受孕时，它们的工作才算完成。受精卵分裂生成一个新的胚，这个优秀的继承人是由父本和母本共同造就的。

克尔罗伊特缺少强大的显微镜，不能去研究这些问题。如果谈论到有关它们的事情，可能他已经接受了这些解释，并把这些视为在他的研究中合乎常理的延伸。孟德尔会觉得这个故事并不完整。他可能会在听到的第一时间表示赞成，但再经考虑后，可能会意识到缺失了一些东西。孟德尔提出，每个植物都继承遗传性原则的两种状况：一种来自父本，另一种来自母本。乍看这个建议似乎与花粉粒的细胞核与卵细胞的细胞核融合受孕的想法相似，显然这只是把遗传物质传给共同后代的方式。然而，下一代的花粉核已经具备两套遗传物质，将与一个同样接受两套遗传物质的卵细胞结合。这样就会变得更糟，下一代的后代就将获得八套遗传物质，接下来是十六套，然后是三十二，且一直增加下去。这种简单的算术把假设推理成了谬论。不知为何，经过一代又一代，常识让我们认为，一定有某种方式可以在花粉细胞核与卵细胞核相遇前，把两套遗传物质减少到一套。

对解决这一问题做出重要贡献的是爱德华·施特拉斯布格尔（Eduard Strasburger），波恩大学植物学教授。在 19 世纪后期，施特拉斯布格尔是最多产、最有影响力的德国植物学家。他在 1894 年编的《高等院校植物学教科书》是非常优秀的教材，在 2002 年出版了第三十五版。

在耶拿，施特拉斯布格尔尝试使用新发现的合成染料染色植物细胞的细胞壁和细胞内容物（图 19）。在这些染料问世之前，对于研究显微镜下组织细胞结构的植物科学家来说，要辨别或识别他们所看到的是非常困难的。植物茎或花的部分似乎是由大量无定形的组织组成的，它们很模糊，几乎不可能被辨认出来。然而，当各部分被注入某种染料时，不同的组织会被染料染成不同的程度，而那些无定形的结构则会显示出一定的形状。细胞壁的轮廓就像用墨水勾勒得那样清晰。细胞内的结构，以前犹如在灰色粥状物中流动的灰色阴影，现在有了实质而鲜明的特点。细胞学这个研究细胞结构和功能的学科诞生了。施特拉斯布格尔回到波恩后，在他的领导下，植物研究所成为全世界范围内细胞学研究领域的领航者。

细胞核长期以来被认为在所有的细胞中普遍存在，这引起了人们极大的兴趣。然而，尽管人们对其功能有着种种猜测，但在未染色的观察中，模糊、阴暗的存在，几乎没有提供多少信息。染色剂的使用彻底地改变了这一点。细胞核成为很好描述的对象，其特征很容易被观察到。这立刻引起了施特拉斯布格尔和他的学生的兴趣。他观察到细胞核在新细胞形成过程中起着核心作用。由此，他得出结论，细胞核是使细胞能够发挥作用并促进形成新的组织的基本信息的载体。

与此同时，和施特拉斯布格尔同一时代、在基尔大学解剖研究所拥有教授职位的沃尔特·弗莱明（Walther Flemming）在研究细胞核的行为时，观察到核中螺旋状的物质与某些染色剂特别有亲和力。1888 年，另一个德国人，瓦尔德尔 - 哈茨（Heinrich von Waldeyer-Hartz），给了它们这个我们今天所熟知的名字——染色体，其字面意思是"有颜色的结构"。就这样，孟德尔的遗传单位的载体被发现，并被命名。这为遗传单位本身——也就是我们所知的基因——的发现，奠定了基础。

借助新的染色剂的帮助，施特拉斯布格尔和弗莱明能够确切地观察到染色体在细胞分裂过程中的行为。他们观察了部分组织，其中有许多活跃的分裂细胞，例如根的尖端，在产生新细胞的每个阶段都观察到了染色体。他们所看到的是一个重大事件：开始，围绕着细胞中心的染色体开始聚集；然后分裂成两个，产生两个相同的集合；再后来，进入最后的分离阶段，它们移动到细胞的两端；这一操作是由两组染色体之间的一道壁完成的，从而使之前的一个细胞形成了两个细胞。这种被称为有丝分裂的简单分裂是植物遗传物质从细胞传递到细胞的方式。除了很少发生的意外，它可以确保每个细胞的细胞核——无论是在根、芽、花或叶中——都包含完全相同的信息。

每一个细胞——除了花粉粒和胚珠内的卵细胞外——都含有相同的遗传信息。这就是让孟德尔困惑不解的问题的答案。花粉粒和卵细胞产生的细胞以另一种截然不同的方式分裂，这涉及两个阶段。在第一阶段中，一对染色体，最初来自父方和母方，互相从两边移动到细胞中间的平面。在这里，它们交换染色体片段，并以随机的方式分为两组，每一组都有一套完整的染色体，这些染色体是随机来自父方或母方的代表。一组移动到细胞的一端，另一组移到细胞的另一端，并在它们之间形成一个新的壁，形成两个细胞。在第二阶段中，每个细胞的染色体聚集在细胞的中心周围，分裂产生两个相同的集合，并最终移动到细胞的两端。结果是有四种细胞，每一种都有一组染色体。这个过程被称为减数分裂或成熟分裂，它不仅让花粉细胞和卵细胞中的染色体减少为一套，而且通过混合和置换染色体，确保每个花粉细胞或卵细胞中含有来自父系和母系染色体基因的独特组合。

但是，这些染色体之间的行为真的是必要的吗？如果是母细胞产生卵细胞，省去了烦琐的程序和不确定性来授粉受精，不经过减数分裂成长为胚胎，不是更加简单？然而，除了少数植物外，其他物种都倾向于有性生殖。为什么有性生殖在种子的形成过程中如此重要？答案是，它创造了由父母的基因组成的无数种不同的后代，这种多样性是在灾难后生存或出现新的机会的关键。有性生殖，以及伴随着的基因多样性，是通过确保基因型的混杂，使其中一些类型可能抓住未来的机遇生存繁衍下来，进而保证一个物种长期生存的保险措施。

既然是保险，就像所有的保险政策一样，必须支付保费。在短期内，这样的保费代表没有回报的成本。这就像人类一样，有些物种选择不支付，或者以较低的利率支付。其原理是，一株长大、开花并产出种子的植物，是一个成功适应该环境的基因型的范例。将一株植物的基因暴露在与别的植物的基因随机混合的熔炉中，会产生许多变化类型，其中一些变化类型与环境的需要不匹配。一株植物对待自己后代最好的方式莫过于把自己的基因型传递下去。然而，即使在短期内，这也是一种危险的策略，并且它几乎不可避免地会导致灾难。植物经常会受到害虫和真菌的侵害，而基因多样性是它们抵御这些入侵者的主要武器。

一些物种在没有受精的情况下的确能产生胚胎和种子，并且生产出的所有兄弟姐妹都是母本的克隆。大多数蒲公英是这样，白花楸、黑莓和山柳菊也一样。这种现象叫作单性生殖，且园丁们实质上忽视了它所提供的机遇。如果我们能够找到促使其发生的方法，单性生殖将成为繁殖植物最有效的方式。然而，现在，为了获得基因相同的副本，园丁们必须通过插枝、分权和移植使它们繁殖。期望通过播种来让我们需要的植物产出我们想要的后代是浪费时间，因为有性生殖让这种可能性为零。但是，如果我们能让植物通过无性生殖产生种子，那每个幼苗都会是一个克隆，并且每一颗种子都是生产出它的母本的复制品。

栽培植物避免了很多保险费的支付，并且其中很多在被培育后大大地减少了这些成本。其中包括生菜、法国扁豆、西红柿、豌豆、小麦、大米和大麦，它们都是自花传粉，给种植者带来巨大的利益。农民和园丁们喜欢自花传粉的植物，因为这些植物生来就倾向于一致性，并且致力于新品种的生产。因为它们是自花传粉，叶子特碎的生菜或者穗上籽粒更多、更大的小麦与同伴相比，更可能产出同样品质的幼苗。每一个幼苗中都有可取的特点，可以通过收集种子、播种并移除不符合需求的个体，在几代时间内获得想要的新品种。

玉米、洋葱、胡萝卜、红花菜豆、卷心菜等栽培作物，从来没有减少对自花传粉的厌恶；它们追随着自然的偏爱进行异花授粉。直到 20 世纪 50 年代，植物球芽甘蓝或玉米品种中的一些个体发生了变异。一些植物长得更大且比其他的更具活力；一些收割得偏早，一些偏晚。它们在颜色、质地等方面出现了变异。这些独特性和变异趋向被杂交的 F_1 代种子所遏制。

F_1 背后的故事在两百多年前托马斯·安德鲁·奈特为他的遗传学实验挑选豌豆的时候就开始了。当他把高茎与矮茎杂交的时候，发现父本与母本两方所有的后代都非常相像，它们甚至比高茎亲本长得更高或者更加茂盛。豌豆通过发生自花传粉来进行栽培，所以奈特的杂交实验在两个同种近亲中进行。后代额外的大小现在被称作杂交活力的影响，并且它们杂交时的均一性仍是两个近亲系子代独有的特征。

杂交亲本生产的 F_1 杂合子，比如说玉米，比在豌豆杂交中更复杂且有益。为了防止它们的自然倾向，自花传粉的植物被人为地产生几代近亲系，直到它们的活力一代接一代地下降。来自一侧的花粉通过与另一侧玉米穗里的胚珠结合，制造两者的杂合子。这使它们被抑制的杂种活力得到释放，并且还产生了每个植物都与其兄弟姐妹非常相似的一代。不幸的是，这种影响只能维持一代，且 F_1 只能通过继续重新与近亲系母本结合才能使性状得以延续，这就是其代价高昂的原因。

　　孟德尔猜想植物含有两套遗传因子，分别来自两个亲本。一个细胞分裂（有丝分裂）使两套完整的染色体进入每个新生成的细胞，产生的细胞被称为二倍体，这是默认的情况。有些植物不止两套染色体，它们被称为多倍体。依据含有几套染色体，植物可被分为四倍体（四套染色体）、六倍体（六套染色体）和八倍体（八套染色体），且一些蕨类植物有多于八套的染色体。有异常染色体的多倍体，比如三倍体（三套染色体），更不容易产生后代。多倍体在成长中会变得更粗壮、更茂盛，相比二倍体产生更多汁的果实。因此，我们栽培的植物大多都是多倍体。

　　到目前为止，人们培育的最重要的多倍体植物是小麦。我们每天的面包都归功于一万多年前发生的一系列显著的基因改良，这也是引导人们由狩猎者或采集者转入农民角色的力量之一。在早期培育小麦的过程中或之前，一种如今被称为单粒小麦的野生二倍体与二倍体山羊草发生了自然杂交——后者的身份目前仍是一个有待确定的问题。杂交过程中染色体组自然加倍，产生四倍体小麦，称为二粒小麦，后来成为应用最广泛的一种半栽培谷物。在之后的阶段，培育后的二粒小麦和另一种山羊草杂交，通过这样一个简单的过程，四倍体的二粒小麦与二倍体山羊草结合了。这就产生了我们所知的"面包小麦"，它将成为全世界温带地区人民生活的主要支柱。

　　面包小麦实际是六倍体，它的基因来自为其贡献了六组染色体的三个不同属的三个不同物种。实际上这样的杂交发生的次数没有预期得多，但毫无疑问，它仍在重复发生，只要是某种小麦和山羊草生长在一起，就像在中东的大片地区一样。我们应该问的问题是：是什么情况使杂种持续繁衍直到成为主导物种，而不是在与野草争夺吸收养料中被打败？是人类干预还是偶然发生的？

多倍体通常比二倍体更强壮，并具有更多理想的园艺属性，同时，多倍体也比二倍体表现出更多的遗传缓冲效应。遗传缓冲效应是指在二倍体杂交中有毒基因显露的可能性。自花授粉的二倍体，如豌豆、大麦，缓冲效应弱，每个基因只有两种形式，且可能是相同的。玉米、洋葱等杂交二倍体具有更强烈的缓冲效应，每个基因虽然也只有两种形式，但它们彼此之间可能略有不同。然而，多倍体每个基因的形式的数量取决于染色体组的数量，而它们可能都不同。所以，多倍体可能比二倍体具有更多的遗传多样性。缺点在于，二倍体可简单预测孟德尔比率，多倍体就复杂得多。这是由于其生殖过程中出现的染色体的交叉和组合是难以预测的。

本章描述了种子的形成过程。开始时，是花粉从一朵花的花粉囊到另一朵花的柱头，花粉粒的细胞核和卵细胞在胚囊中融合，并继续参与胚的发育。接下来是胚珠内的胚胎长成成熟的种子，准备以自己的方式进入世界。当一切都按计划进行时，胚在胚珠内成长，储存化合物和其他资源，从母体植物中转移给胚。在适当的时候，胚珠的壁变硬，形成种皮，里面的组织会失去水分，变得干燥。种子就这样形成了，严格地说，它包含在一个成熟的果实中。大多数农民会惊讶地发现，他们种的是小麦的果实，而不是种子。园丁们同样会惊讶地发现，他们包里购买的莴苣种子，严格地说是果实。每个小麦"种子"是由全部心皮组织构成，就像每一个莴苣"种子"一样。技术定义是非常重要的，但在本书中，我们提出，如果它看起来像一颗种子，表现得像一粒种子，它将被视为种子，被称为种子。

一株植物在生产种子上分配的资源与其他方面分配资源的比例，以及生产少量的大种子或大量的小种子之间的选择，是一个根本性的战略选择。它是植物生存的关键，也是下一章的主题。

第四章

生存的策略

策略的概念看来似乎不适合用在种子身上 —— 毕竟植物既不拥有提前计划的先见之明，也没有去欺骗的机智。但是，有效的策略——实际上等于成熟的计谋 —— 是种子通过生产幼苗来生存和完成使命的那些方法。每一个物种在被无情的生存和淘汰考验的磨砺中，不断调整以适应所处的环境，进化出特殊的需求和特质。既不需要先见之明，也不需要机智，只有简单的选择。最重要的是，种子需要设法应付其从父母那里继承来的任何资源，这些不可避免地成为一种妥协，让它们很可能难以达到目的。毕竟，种子的生产和营养储存的代价是很高的。种子的生产过程耗费了植物大量的营养。

如果一个物种想要生存，就必须产生后代，这个神奇的准则有两个很简单的标准 —— 尺寸和数量。体型大的种子会为每一个后代慷慨捐赠、为幼苗进行"投资"，让它们在生存竞赛中成功地置身于安全之地。而靠数量取胜的种子确保有最多的机会来找到合适的生长位置。在理想状况下，每一株植物都会产生数量充足的、硕大的种子来兼顾目标，但是资源是有限的，竞争的能力和找到生长场所的能力之间必然会有一个妥协。一些物种已经选择了用极端的方法应对。例如，兰花和列当产生无数竞争力弱得可笑的小种子，只是为了尽最大的可能让其中的一些种子找到可以生长的地方。然而，橡树、栗树和棕榈树会产生很大的种子。它们的幼苗都是难以对付的竞争者，虽然种子本身几乎是不能移动的，需要依赖几种动物的传播来寻求找到合适的生存地点。大多数物种会占用中等规模的土地，这是一种妥协。足够数量的种子被生产出来去满足迁移的需要，每一粒种子都有充足的贮藏有机物等资源来增加在充满竞争的环境中活下去的希望。

　　大多数人对一般的种子有一个模糊的印象——小的东西，当然，"小"是种子的特征的一部分。但是每个东西都是有联系的——在一个物种和另一个物种的种子之间，对在狭小的空间内尺寸的巨大变化有一个综合印象。最小的种子和最大的种子间的差异，就像兰花种子和椰子种子间的差异，可以和哺乳动物间的极端相比较——就像一只鼩鼱和一头蓝鲸。在这个范围内，每个物种都有其地位，植物形态学中一个显著的形势就是，物种在种子大小上的细微变化是连贯的。这种引人注目的连贯性，为植物在生产种子以及生命活动上的资源分配关系，提供了有力的证据。

　　然而，一些变异还是有发展的空间，在一定范围内，不同生物种群种子的平均大小或增或减，这取决于幼苗产生的环境。在适宜的生长地很少而且距离也很远的情况下，有可能产生大量的小种子。在大量幼苗聚集在一起，为光线、养分和水分而激烈竞争的地方，产生更少但是更大的种子却是一种趋势。除了在有竞争力的优势和找到安身之所的能力间的抉择外，种子大小的变化还取决于它们在同一株植物或者种荚中的位置。比如说，玉米穗轴尖端的玉米粒通常会比靠近底端的玉米粒小。毛地黄的尖部第一次产生的果实的种子会比尖部底端的种子大。

早期的人工培育，也许为人工种植的小麦、大麦、黑麦等谷类植物种子体积的增加提供了帮助。随着种子生长地点的变化，它们周围的土地经历了变化，这些变化有利于谷类植物和其他一年生植物扎根。这弱化了地点选择的重要性，同时也增加了这些植物的密度，尤其是在幼苗形成的关键时期。这样的变化会有利于选择有竞争力的幼苗 —— 相对而言营养比较丰富的谷子。在几十年里，这些已经足够了，也许还能使收割的半人工种植的小麦、大麦和黑麦等谷物种子的平均大小翻一倍。

除了种子数量或大小的影响因素以外，每一个物种不得不设计出确保幼苗在一年当中的有利时间出现的策略。在一年当中"错误"的时间出现的幼苗会被霜冻、旱灾等气候灾害毁掉，而那些在"正确"的季节生产出来的种子能够生长、开花和产生种子。

每个物种都有一个博弈策略，这个策略基于幼苗出现的季节和放弃相对安全的土壤的比例。野生植物的生存依靠的是正确的策略，但正如我们所看到的，这些策略的重要性不断增大，甚至已经不限于设计这个策略的植物。它们也从根本上影响了人类的健康、财富和幸福。

　　很多人认为种子基本的功能是产生幼苗，这可以被原谅。我们大多数人像园丁或者农民一样与种子打交道，我们对种子的期望让我们把种子的意图简单化了。当我们种下一百个莴苣种子，然后长出了一百个莴苣幼苗时，我们为自己的成功欢呼庆祝。但是这种爆发式的幼苗萌发方式，对植物来说可能是一场灾难。在一两天之内，一只大蛞蝓可能会来干掉每一株幼苗！它们可能会因为旱灾的来临而干枯，因为一场不期而遇的霜冻而减产。因为没有任何退路，也只能这样了。

　　种子在联系亲代和子代上有极其重要的作用。它们的功能是通过在不利的情况下保护胚胎、在正确的时机产生幼苗、大多数时候储存营养以防灾害这几种方法来保护这种联系。通常情况下，没有产生幼苗的最佳时机，但是有一些很适宜的季节。这些季节每年都会有一些差异。检验一个策略是否成功就是看是否有足够多的幼苗生存下来、取代它们的先辈——不一定是一代接着一代，也可以是隔着几代，这期间也许种群的规模会大幅度地波动。例如，毛地黄生长在林区里，这里生存的机会会随着周围树木一年又一年不断地循环而改变，这种循环可能已经进行了几个世纪。它们成百上千地出现在有阳光的林间空地（图20）。随着树的生长和树荫的扩大，可能只会有零星的毛地黄了。一株植物能产生成百上千的种子，在有利的条件下它们会成百上千地萌发；在条件不好的年份，也许一株都不会发芽。种群通过产生足够的种子来壮大，花费一年又一年来维系这个种群；平均来说几百、几千个种子中能产生一株幼苗就足够了。

但是种子和幼苗养育了这个世界。依靠它们生活的人们分享了它们，甚至看起来似乎难以抗拒的、压倒性的优势也难以保证它们的幸存。往往随着种子慢慢成熟，变成一株植物，周围的世界就会变成一个不友好的地方。刚刚蜕皮的种子马上就能进入对发芽和出现幼苗有利的环境，是很少见的；大多数种子在发芽之前不得不等待更好的时机来。蓝色风铃草就是这样一种植物（图21）。蓝色风铃草在不同的国家也许是不一样的东西，只要我们对谈论的植物特性意见一致，就能发现植物不得不面对的挑战和种子在遇到它们的时候扮演什么角色。蓝色风铃草在英语里叫作 bluebell（蓝铃），苏格兰语里叫作 hyacinth（风信子），法语里叫作 Jacinthe des Bois，现在，最终植物学家把它命名为 *Hyacinthoides non-scripta*。从现在开始，我们就叫它蓝色风铃草了。

相较于站在人类的全知视角，人们站在植物的角度能更好地领会蓝色风铃草面对的问题和机遇。本书中大部分关于我们和种子之间联系的故事是从人类的视角来讲述的。这一次，我们是时候把注意力集中在植物身上了。把植物拟人化是奇妙又有趣的事情。

我是林地里的一个生物。我的世界被比我高很多、强壮很多的树控制着，我完全不能与它们相抗争，但是它们的保护使冬天的严寒变得温和，缓和了夏天刺眼的阳光，也让在森林中很多急于求成的邻居感到沮丧。我能勉强维持生存是因为在过去的几千年中我的祖先找到了和那些树的生长周期进行协调的方法。

晚冬时节，树还光秃秃的时候，我从球茎的安全庇护所里摆脱出来，来到了被秋风吹过、因冬日的严寒失去了活力的世界上。在森林里大多数植物萌动之前，在树荫下，不管是什么季节，我的叶子都尽力吸取着阳光。我在五月开花，这时还有充足的阳光和温暖，蜜蜂也可以继续传粉。接着，随着我头顶上的树叶慢慢展开，我的世界变得凉爽，到处都是阴影，太阳几乎照不到我了。我的花逐渐凋零，我的种子变得成熟，我也要回到我地下的家了。

我是一株爱好交际的植物，喜欢生活在植物密集的群落。我的种子太重了，风是不能吹散它们的，我和动物也没有结成联盟，让它们帮我把种子带到远方。当我的种子成熟时，我的花萼会突出，把种子洒在我周围的圆圈里，这样我的后代就成了我的邻居。但现在专横的树荫和地下似乎无处不在的树根把我的世界变成了一个有敌意的地方，在这里我的后代必须生活在种子的庇护下，直到情况有所改善。接下来，根据策略就是每一株蓝色风铃草的遗传特征了，足够多的蓝色风铃草会成长起来，维持着这个群落，并且使它更强大。

蓝色风铃草的策略，和几乎所有种子一样，是建立在单一或双重的回应上的。在任何情况下，种子都有两种选择：发芽，或什么都不做。发芽使幼苗不可逆转地来到了这个世界上，对于它遇到的任何情况都尽量充分地利用或无动于衷——这关系到生还是死。无动于衷会让选择一直存在，让种子等待着季节的变换带来其他的机会。

尽管看起来似乎很温和，但蓝色风铃草脱落的种子进入的世界确实是怀有敌意的。六月份森林里的土壤能提供给我们春天在温室里播种时的那种环境：绵绵不断的细雨、让人振奋的温暖、舒适的阴凉、腐殖质赋予的很多东西，以及其他有利的事物。但是，离开了种子庇护的幼苗会发现自己处在与已经成熟的植物的竞争中，被巨大的阴影笼罩着，被头上浓密的天篷状的树荫笼罩着。当盛夏的土壤变干的时候，干旱如约而至。蓝色风铃草的经验指导新产生的蓝色风铃草的种子什么也不要做，这一点儿也不令人惊奇，不管情况多么具有诱惑力，它们的幼苗还是"待"在种子里。

几个月后，当秋天接过夏天的接力棒，土壤的温度开始下降，种子将会开始活动，最终会发育为微小的、象牙白的胚根，从众多的种子中开辟出道路，最终进入森林的土壤中，在覆盖的腐殖质表层下开始生长。落叶覆盖了萌发的种子，在冬天的严寒中庇护着它们。当春天的气息弥漫在空气中的时候，植物的根部已经在土壤的上表层中了，开始形成小小的、新生的球茎。圆柱形的绿色子叶或嫩叶通过枯枝落叶层接触到了光。幼苗已经做好了准备，等待着接受晚冬和早春的阳光所带来的一切优势——在它们父辈的球茎开始产生嫩芽之前，在树上的嫩芽变成叶子的几周之前。

蓝色风铃草偷偷抢在春天其他植物萌芽之前，在冬天开始萌芽。它们做好了从与日俱增的阳光和温暖中获取好处的准备，这时其他的幼苗才开始出现。但它们的策略确实有一个致命的弱点——幼苗必须从隆冬中求生以便继续生长，蓝色风铃草的幼苗并不处在最困难的植物之列。持续很久的霜冻或严寒会杀死幼苗，甚至是在树叶的覆盖层下。这就是为什么野生的蓝色风铃草只生长在西欧更温和的沿海地区的原因。作为灾难面前的一种保障，一部分一年生农作物的种子在它们经历的第一个秋天不会产生幼苗。它们中的一些在接下来的秋天还不会产生幼苗，其他的则会在虫灾、鼹鼠等造成的灾害中被埋葬，也许会成为保护区的一部分，作为土壤中的种子库被人所熟知。很多种植物的种子在发芽前，可以在土壤中沉睡数年、几十年，甚至上百年。

蓝色风铃草的故事描述了一个十分成功的策略，春天时英国很多森林里树下的"蓝色风铃草地毯"很好地证明了这一点。但这个故事里有一个意外的转折点，如果这种植物原本生长的区域的夏天变得更加温暖了，这个转折就会显得非常重要。英格兰南部的蓝色风铃草的种子有三分之一到二分之一会在现有的夏天土壤的平均温度下发芽。温度微乎其微的增长会把发芽比例提高到75%以上；夏天温度的大幅度提升可能会使接近90%的种子发芽。换言之，更多的幼苗会在冬天受到恶劣天气的攻击，更少的幼苗会慎重地选择继续待在土壤中的种子库里。蓝色风铃草会继续生长在森林中，因为在过去一个又一个冬天里，它们已经达到了危险和安全之间的平衡，有了更多活下来的可能性。"在秋天产生更多的幼苗，储备更少的种子"这个冒险的策略可能是灾难性的，尤其是在欧洲内陆地区植物的"立足点"，这个天然范围的边缘平衡是不稳定的，这个范围还极有可能包含了英格兰东部和南部的大部分地区。

蓝色风铃草可以依赖的基因多样性方面的复原力似乎很差，应该改变它们生活的这个世界。但它们所需要的多样性也许存在于一个被广泛指责的植物体上，并被关心英国植物保护的人所摒弃。这是它的"亲戚"西班牙蓝色风铃草，生长于夏天比英格兰更加温暖的欧洲南部。

西班牙风铃草比英国的蓝色风铃草更加健壮。它们在花园里生长得很好，会快速地繁殖，往往会被认为是一种麻烦。20 世纪后期，据报道说西班牙蓝色风铃草在森林里和本国的蓝色风铃草一起生长。当植物保护工作者观察这些"入侵者"时，他们本能地受到触动。当他们意识到两个物种自由地杂交并能生育种子、产生后代时，他们更加惊恐。这些陌生的"移民"让植物保护工作者感到厌恶、震惊和害怕。但当我们加入异口同声的声讨队伍中时，我们应该扪心自问，这些西班牙"移民"是否真的威胁到了本地的种群？也许它们的基因是本国植物的救星 —— 至少在更温暖的南部和东部地区是这样的 —— 如果接下来几年夏天更温暖、更干燥了呢？

什么是植物的策略，它是怎么运作的，它是怎样影响一个物种的生存前景 —— 蓝色风铃草是个清楚的例子。不同物种间策略的对比可以反映出一种植物的喜好或是起源，也许还能帮助我们发现曾经生长在野外、现在由人类栽培的植物的祖先在哪里。蓝色风铃草对于英国的森林来说很有特点，以至于看起来这种植物不是一种真正"居住"在森林中的植物，甚至也不是一种西北欧的植物，虽然这看似不合情理，但这就是它的生存策略。蓝色风铃草在夏天利用土壤的高温准备好种子和产生幼苗，因为晚秋和初冬温度会下降 —— 这是地中海地区一年生植物和块茎植物特有的策略，这些植物包括水仙花、郁金香、绵枣儿等。蓝色风铃草实际上是从更远的南方来的"漂泊者"。它已经能够把自己的生长周期和活动与季节相结合，以此来适应环境。它这样做，可以成功地避免在户外与喜阳的禾草和阔叶的香草的竞争中被击垮。

相比之下，木稷有足够的资格做一个真正的森林"居民"。这种生活在湿润、阔叶、物种丰富的森林里的植物分布范围很广——从不列颠群岛到日本，从加拿大南部到美国东北部。单一的策略能让植物在世界上极其不同的地区生长吗？

这是一个答案很明显的问题，也是一个很重要的问题。如果一个物种在扩展它的生长范围时，发芽的策略发生了改变，那么这种植物的传播能力就会失去约束。但是如果在一个物种的分布区域里，不同地区的植物保留着非常相似的策略，那说明发芽的策略限定了一种植物分布的地理界限，当然，发芽策略并不是唯一的影响因素。一种植物的发芽策略与生长周期、对干旱的忍耐、严冬的考验等生物学问题相互影响、共同发挥作用。

刚刚脱落的木稷种子在一个充满竞争的、不断变化的环境中"着陆"了。茂密的植物生长在阳光下、树荫下，更不要说阳光和阴影之间不断的变化了，这些因素混合在一起，使种子生存的希望非常渺茫。但是，衰老的植物会死，于是就有了新的机会，不管前景有多么渺茫，种子是唯一可以挽回损失和找到新栖息地的方式。

在夏天土壤温暖时成熟的木稷种子也许会在几周内发芽——不像蓝色风铃草的种子。在有利的条件下，在一个月内也许三分之一的种子会发芽，多达三分之二会在冬天来临之前产生幼苗。剩下的种子会因为冬天的到来"停止工作"。当春天的温度开始升高时，它们中几乎所有的种子都会产生幼苗 —— 剩下一小部分加入土壤种子库。这样的总结忽略了这些种子发芽策略的微妙之处。总体上说，这是植物被暴露在不断变化、难以预测的环境里面对挑战做出的敏感而灵活的反应。

上面所概括的过程为普遍适用的发芽策略提供了基础，不管木樨发现自己处在什么情况中，这个策略都是可以灵活运用的。种子数量的改变让植物能应对不同的气候状况。在挪威和斯堪的纳维亚半岛 —— 这种植物生长范围的最北端，种子直到夏末或初秋才会成熟，这时土壤的温度已经开始下降，严冬即将来临。在冬天结束、接下来的春天里温度开始回升之前，没有种子有时间去发芽；在夏日漫长的白天里，幼苗及时地出现了，实现了最好的生长情况。另一方面，在西班牙北部、法国南部、意大利中部的亚平宁山脉等木樨生活范围的南部地区，种子在初夏的几个月土壤温度继续升高时成熟。因为它们周围的土壤仍然是湿润的，大多数种子会发芽，在冬天还没来临之前的很长时间里长成小小的植物。幼苗会在来年春天得到回报，这时它们已经足够壮大，在这个对于植物来说充满竞争的季节里能独自应对新生活的喧嚣。

斯堪的纳维亚半岛和欧洲南部是木樨生长范围的两个界端，但是在英国、法国北部和德国，木樨种子在仲夏时成熟。在土壤温度停止下降之前，对一部分种子来说是有时间来发芽的；但很多种子不会这样做，它们更喜欢等到来年春天再萌发幼苗。发芽的那部分种子主要依靠它们的位置和环境状况。生活在阳光照耀的、受到庇护的地方的种子会萌发幼苗，尤其是在温暖的年份。生活在阴影更加密集的地方的种子，尤其是在凉爽的年份，在夏天会产生更少的幼苗，大多数种子一直等到春天才萌发。在整个生长范围里，一个简单、基础的策略保证了木樨种子的数量，不管是在夏天产生幼苗还是在春天之前什么也不做，这是由成功的机会或当地环境所造成的危险所决定的。

在看待种子时，我们总是对获得幼苗感兴趣，却很少注意那些没有发芽的种子。然而，在自然条件下，后者对物种生存的重要性一点儿也不比前者差。当我们考虑它们简单、双重的反应时——提供发芽的替代品或什么都不做，我们看问题似乎有些过分简单化了。不发芽、只是在等待另一个机会的种子不是懒惰的。它们能意识到，也能对它们所处的环境——特定的温度做出回应。例如，蓝色风铃草的种子在秋天温度下降时准备好自己的状态，以产生幼苗来回应夏天土壤的温暖。冬天寒冷的天气使夏天没有发芽的木樨种子在春天温度一开始上升的时候就产生幼苗。园丁们很久以前就知道，寒冷地区的植物种子，直到暴露在稍高于冰点的温度中几周或是几个月后才会发芽。这一简单有效的策略安排了种子在夏末或早秋发芽，即使这时土壤也许是温暖潮湿的——这很有吸引力，但也是在接下来的冬天导致它们的幼苗被毁掉的一个原因。

园丁们在菜园或者花园里播下种子来研究种子发芽时的情况。他们期待种子发芽。当园丁们播下种子却没有幼苗出现的时候，他们把这看作是一种失败，把没有幼苗解释成种子在"休眠"。他们谈论的"调控"种子，是通过冷却或其他手段来"打破"休眠，使它们产生幼苗。这种行话太平凡了，以至于没人注意到它没有解释关于种子内部本身发生了什么。它既没有承认植物在"安排"发芽时间的策略里所发挥的极其重要的作用，也没有承认种子通过"躺"在土壤种子库里对植物长期发展生存所做的极其重要的贡献。

园丁们把"休眠"当作演讲时一个很方便的词语，来形容他们希望发芽却没有产生幼苗的种子。科学家也使用这个词，好像它描述了一种现象——没有形状或形式、限制或边界，因为没有人有令人满意的定义。这就好像我们用"睡觉"这个词来不加区分地表明没有知觉的情况，不管这种情况是睡着了、陷入昏迷、因为喝酒或因为头部受到撞击而造成脑震荡。种类的模糊和不准确会造成我们无法在关于睡觉或睡觉在我们生活中起什么作用的研究中取得进展，但关于种子休眠的研究已经在混乱的不明确的基础上进行了几十年。"休眠"的概念揭示了大量关于我们对种子有控制力的假设。它把我们所忽略的东西深深地隐瞒了，以至于在过去的半个世纪中，它严重阻碍了种子生理学的发展进程。

我们关于休眠的概念已经引发了"休眠的种子一定和发芽的种子在某些方面有一些不同"这样的猜想，虽然这只是通过"当它们的同伴发芽时它们却没有发芽"这个事实来推断的。有时，差异可以归因于各种情况，比如拥有不可穿过的种皮，但一个种子发芽与否大多数时候是随机的。作为对光线和温度的响应，一部分种子会发芽，另一部分则什么都不会做。

当觉察不出发芽和不发芽的种子在自然规律方面的不同，人们开始转向思考基因方面的差异——一个阻碍或推进发芽的"休眠因子"。这样的解释意味着土壤种子库中的种子在基因方面就和其他种子不同。但是，这对自然环境中特定位置的植物的生存意义不大。

基因方面的不同可以很便捷地援引，但不能解释植物之间的任何差别。有着相似基因的植物（或者动物）也并非一定通过同一种方法回应事件。我们所观察的现象依靠于基因型如何与环境相互影响；我们所看到的，也就是显型，是这种相互作用的可视表达。因此，发芽种子的数量对特定的温度或者光线做出的反应都依赖于基因使它们如何应对环境。如果休眠的种子和那些产生幼苗的种子在基因上有所不同，那么这种反应一定是孤注一掷的。

基因型和环境之间的相互作用也许会通过发芽种子的比例定量地表现出来，换言之，我们看到的发生的事情表明了有特定基因型的种子会在特定的情况下发芽的可能性。在一个关于发芽的测试中，当百分之七十的种子产生了幼苗，我们不应该直接得出"剩下的百分之三十从某种程度上来说是不同的"这样的结论。这个结果也许只是简单地表明每个种子有百分之七十的机会发芽。如果可能的话，发芽试验将会是一个酸性试验，然后在幼苗产生的种子上重复这个实验。像之前一样，它们中百分之七十会发芽。如果这是一个表型的反应，那么它们不会是相同的个体，而是它们中随意被挑选的一个。如果基因上的不同是种子发芽或不发芽的原因，我们应该期待着那些发芽的种子再次发芽。

表型的反应是难以捉摸的，这使那些很容易被发现的特征更受欢迎。这就是木樨种子的策略。对于观察结果，我们也许会解释说较高比例的在植物生长范围南部的种子会在夏天发芽，一小部分会在接下来的春天里产生幼苗；南方的种子几乎不休眠，这和北方的种子形成了对比 —— 北方的植物在秋天几乎或根本没有幼苗，很大一部分会在春天发芽。这可以使我们逻辑严密地得出结论：自然选择已经调整了不同种群中休眠种子和不休眠种子的比例，以此来与不同地区木稷的分布情况相匹配。换言之，北方的种子与南方的种子在基因上是不同的。

然而，实验表明，所有种群的木稷种子对相同标准的境况的反应是一样的。这让我们觉得它们不像基因上有不同，或者一些种子是休眠的而其他的是不休眠的。不同地方的种群都有着相同的发芽策略，种子发芽率的不同起因于这个策略与气候情况的相互作用，特别是土壤温度。至少就木稷而言，这告诉我们发芽策略不会像物种扩展其生长范围一样改变，但可以使物种的生长范围在被策略定义的地理/气候限制中扩张。

初看上去，不同植物的种子所采取的策略似乎非常多样化。然而，在相似环境中生长的植物更趋向于拥有高度相似的策略，为了能更好地认出这些策略，人们把它们命名为"地中海策略""亚非欧地区大草原策略""北美洲大草原策略""落叶森林策略"和"阿尔卑斯山策略"。园丁们有能力留意这些变动，并将其当作挑战，以此来增加对园艺的兴趣，但农民要对每一个物种单独"量身定做"进行操作有些不切实际。

农民们只能种植满足农业需求的植物，其中最有利的一个条件就是拥有一种容易控制的发芽策略，利用它来耕作。这是一个必要条件，没有这个条件，没有作物会在田地里被种植。

当农民在田野上播种时，他这样做的同时还盼望着几乎每一粒种子都会在杂草取得优势之前的短时间内发芽，产出年轻壮硕的植物。那些在温带地区而不是亚热带地区耕种的人，甚至希望幼苗在早春的低温土壤里诞生。有特殊需求的种子，比如有在一年中的特定时间发芽的偏好，或者有待在土壤种子库的慎重意向，这为任何一个想种庄稼、第二年收获、再在同一片土地上种不同作物的人制造了无法解决的问题，他们并不希望土壤里还有前一年的种子。像蓝色风铃草和木樨那样的种子是不能大范围耕种的。

这就意味着在寻找植物首次被人工栽培的地点的线索时，我们应当寻找世界上野花的发芽策略和农民对作物规格的满意不谋而合的地区。这是所有种子发芽时都会有的一个策略，低温时幼苗会很迅速地产生。第一个要观察的对象是世界上一年生的花。几乎所有在温带地区种植的庄稼和大部分蔬菜都是一年生植物或两年生植物。然而，一般来说一年生植物相比于多年生植物，几乎不具备天生的经得起考验的发芽策略。例如，研究一年生海藻的生物学家经常会被它们勉强产生的幼苗所困扰。成千上万野蓝缕菊、白花藜、小野芝麻、罂粟或者山木蓝的幼苗自发地出现在田野中和花园里，但当它们的种子被收集起来播种时，结果往往不是我们想的那样，通常是令人失望的。

一年生植物通过寻找缺口来生存，当它们出现时，多年生植物多多少少会永久占领这些缺口。在野外，这样的情况偶尔会出现，也许会间隔很长时间。因此，土壤种子库是它们策略中的一个基本元素，它们的种子可以在这里等待，也许要等几十年，才能等来生长的机会。耕地多多少少给种子提供了不断的机会，自然生长的话这些机会可能永远等不到，然而它们把握住了这些机会中的大多数。但是，它们中将近一半还是保持着谨慎，每年有很高比例的庄稼种子什么都不做，加入了土壤种子库。繁盛的幼苗是多年努力的产物，不是短时间内突然出现的，因此有这样一句古话："一年播种，七年除草。"

　　一般情况下，一年生植物也许达不到农民们的期望。但是当我们关注那些自然生长在地中海盆地周围和邻近的中东地区的植物时，我们会发现更有前景的情况。地中海气候有很明显的特征，这些特征会给与众不同的发芽策略提供支持。夏天是炎热干燥的，如果不给植物补水的话，对植物生长是有害的。冬天是多雨的季节，温度虽然较低，但对植物来说没有致命危害。清晰明确的气候为幼苗的出现提供了清晰的、最适宜的季节，伴随着成千上万躺在土壤中准备发芽的一年生野花种子，秋天来了。它们在秋天的第一场大雨中发芽——越快越好，为了在这个世界立足的比赛中拔得头筹。种子在冬天里生长，通常是低温环境，有时光照也不充足，就得充分利用阳光灿烂和空气温暖的时间，等到春天来临时就准备好开花了。一个月或更久的时间里，大地上铺满了鲜花，然后夏天的干旱就来了。鲜花凋谢，种子成熟、脱落，分散到地上度过炎热干燥的夏日，等待着在秋天再重新开始这个周期。

　　早春的西班牙南部和巴利阿里群岛有很多鲜花，使其变得五彩缤纷，众多鲜花中的一种就是玫瑰色捕虫草。它的种子很容易收集，如果我们在假期来到这里，也许会被吸引，然后捡起一些成熟的荚，希望在花园里种下这种植物。但是，如果我们一回家就种下这些种子，可能会失望。在炎热干燥的夏天开始前发芽的一年生植物在地中海地区周围是无法生存的。捕虫草能生存下来是因为它们刚刚脱落的种子只会在初夏大气温度比土壤温度低的时候发芽。当种子躺在土壤里时，它们经历了内部的变化，这些变化被称为"后熟作用"。这些都逐步扩大了种子发芽的温度范围，缩短了它们发芽的时间，也减少了不发芽的种子的数量。当秋天来到时，种子就等着土壤变凉和下雨，然后发芽。

玫瑰色捕虫草的策略就是农民们在作物上寻找的策略。在植物生长的季节末尾同时成熟的种子会促进收获。在湿润的年份，几周的"后熟作用"能预防小麦或大麦等作物在被收获之前过早发芽。自然状态下这种短暂的情况意味着储存一小段时间后，在秋天播种的作物经历过的温度下，几乎每一个种子都会在几天内发芽，或者在早春被种下的农作物经历过的低温下很快萌发幼苗。至于捕虫草，对园丁们非常有吸引力，但是园丁对任何庄稼都没有兴趣，所有这些看起来可能有些学术化。然而，地中海地区的野花和一年生野草分享了类似的发芽策略，它们向东生长了很远，穿过了叙利亚、伊拉克和土耳其南部山脉的山麓地带。在整片区域中，很多野花的发芽策略正是农民寻找的种植农作物的策略。因此，我们会毫不惊奇地发现，很多在农场和花园中生长的庄稼、蔬菜和鲜花开始都是生长在这个区域的。

野花的发芽策略与耕种的需求高度匹配，以至于它们被人工栽培后也没有改变。例如，莴苣和麦仙翁属植物都有着延续数千年的种植历史——一个在蔬菜园里，一个在玉米田的杂草中。不管遭遇了多少压力，它们有和捕虫草完全相同的发芽策略。实际上，在英国，像玉米田里的杂草一样生长的麦仙翁属植物的种子就像生长在野外原产地的植物一样发芽。地中海地区植物的发芽策略最有价值的特征之一就是种子在低温环境中发芽的能力，它们在早春被播种到仍然寒冷的土壤中时"表现优异"。一些种子，比如莴苣种子，耐寒能力很强，以至于它们能在冰块上产生幼苗。

直到将近一世纪之前，我们关于小麦、大麦、小扁豆、洋葱、莴苣、卷心菜等历史悠久的作物的想法是以在地中海地区和东亚地区传统遗址的挖掘为基础的。这些作物在古埃及、美索不达米亚、小亚细亚半岛地区和印度河流域都有种植，但考古学和语言学方面的证据表明它们的起源地不是这些地方的任何一个——它们的原产地，早在几千年前，似乎已经消失于时间的迷雾中了。玉米、法国红花菜豆、辣椒、马铃薯和番茄在 16 世纪被从新大陆带到了旧大陆。它们因古时候在中美洲和南美地区安第斯山脉被种植而为人所熟知，但它们在野外生存的原种究竟在哪儿生长，至今还是个谜团。关于这些作物原种生长地点的探索工作，与其说归功于考古挖掘，不如说归功于苏联和美国的植物采集者的努力。20 世纪 20 年代到 60 年代，他们前往世界各地，广泛收集不同种类的作物，来支持本土植物生产后代的项目。

这些采集者中最著名的是苏联科学家尼古拉·瓦维洛夫（图22）。在旅行中，瓦维洛夫和他的同事们采集了成百上千种重要经济作物的种子。随着收藏的积累，瓦维洛夫开始关注他之前没有关注到的样品。其他人在有限的区域内工作，他们的收获也被区域的界限所限制。瓦维洛夫跳出了界限，他基于世界的视野给了他新的启示。他的第一个发现是农作物远比之前先辈们发现的要多样化得多。他的第二个发现是植物多样性最高的地方集中在世界上有明显分界的一些区域。最让人惊讶的是，那些区域往往在遥远的地方。

一开始，瓦维洛夫的兴趣曾被一些苏联农民种植的特定作物（地方品种）血统的多样性所吸引。例如，他已经可以分清苏联小麦地方品种之间的差别，虽然这对植物种植者来说很重要，但相比于作物的整个生长范围内的不同，这些差别就微不足道了。横跨欧洲和北非，向东到苏联南部，瓦维洛夫发现小麦的变异主要集中在几个方面。当他向南到安纳托利亚、外高加索地区和环绕叙利亚北部、巴勒斯坦、伊拉克、伊朗和阿富汗的山麓时，变异的方面成倍地增加，它们内部数量的变化也是如此。

瓦维洛夫在大麦、黑麦、小扁豆和亚麻、藤本植物、阿月浑子树、甜瓜、无花果等次要作物的采集中也发现了类似的样品。每一个村庄似乎都有特定的、经常是完全不同的品种。瓦维洛夫开始推测他能在世界更复杂的地方找到最好的样本，那里的耕种思想很先进，还有植物育种家的参与；他还期待着在欠发达地区发现更少、更无趣的品种。但是金字塔被倒置了，有广泛基础的多样性被牢牢地固定在世界上农业技术最不发达的地区。

最后，瓦维洛夫总结道，差异一定是多年积累出来的，农作物种类最多样的地方一定是种植时间最长的地方——关于这点，他准确说出了它们在野外的起源。他创造了"起源中心"这个术语来表达这个想法，还提出中东地区从安纳托利亚到伊朗，是小麦和其他83种作物——包括大麦、黑麦、燕麦、鹰嘴豆和小扁豆——的起源中心。

瓦维洛夫把这个想法推广到了世界上其他作物非常多样的地区，又发现了其他8个起源中心。在中东地区的西部，是地中海地区东部周围的区域。在这里，他发现了品种异常多样的莴苣、豌

豆、小萝卜、卷心菜、蚕豆等蔬菜，还有小扁豆、橄榄和藤本植
物。鉴于中东的中心已经给了农民，那么地中海的中心就是园丁集
聚的宝地。

向东更远的地方是在塔吉克斯坦、土库曼斯坦和乌兹别克斯坦
山中的中亚中心，那里有种类繁多的小麦、黑麦、小扁豆、鹰嘴豆
和在其他地方已经发现的其他豆类，杏、苹果、甜瓜和其他水果，
还有胡萝卜以及其他几种蔬菜。埃塞俄比亚被认定是各种小麦、大
麦、鹰嘴豆、大豆和扁豆的中心。然而，因为在这个地区没有已知
的这些植物的野生近缘种，瓦维洛夫总结出它们的多样性是古时候
移民或者商人带来的。

一个单独的、非常明显的作物区系，包括稻、小米、荞麦、黄
豆等其他豆类，还有和欧洲植物非常不同的很多植物，在中国考察
的途中被发现了。这为中国在古代作为世界最重要的种植中心之一
提供了有力证据。在印度的采集工作为热带作物至关重要的作用提
供了证据，这些作物包括稻（这里是种植这种作物的地区之一）和
小扁豆，还有黄瓜、茄子、芒果和其他热带水果，以及大量的香
料。这个清单还被关于甘蔗、不同种类的稻子以及来自东南亚、马
来西亚的水果等所充实。

新大陆也显示出了相似的产地明确的模式，包括很多错综复杂
的作物种类，而其他更广阔的地区，能找到的种类很少，而且很多
可能是从别的地方引进的。这个世界上最多产的地区之一是中美洲
的多山地区，尤其是墨西哥，在这里，每一个定居点和山谷中的居
民都种植着不同种类的玉米、番茄、陆地棉、豆类、南瓜、辣椒和
甜椒等庄稼和蔬菜。瓦维洛夫还偶然发现了非常多不同种类的马铃

薯。最终，他认定巴西南部和巴拉圭是木薯、花生、尖头辣椒和菠萝的起源中心。

距离瓦维洛夫准确地指出一些起源中心已经过去了八十年，这是我们关于这个世界和这个世界上的植物的知识飞速增长的八十年。但是总的来说，他的观点很好地经历了时间的考验。再没有更多的中心被提出来，虽然有很好的事例可以证明，在近代，北美洲、新西兰以及澳大利亚和南非的殖民将西欧地区的龙须菜、三叶草等饲料植物散布到世界各地，所以这里是这些植物的起源中心。更多的实验证明，中国不同区域成为不同植物的起源中心，如北方是小米、几种豆类和卷心菜家族的起源中心，南方是稻米和黄豆的起源中心，西南地区是荞麦的起源中心，有可能也是大麦的起源中心。瓦维洛夫还稍稍将论据延伸应用到了"起源中心"这个短语的应用上，因为区域的高度多样化也许是其他因素而不是作物的起源导致的结果，埃塞俄比亚就是一个案例。"多样性的中心"这样一个概念提供了一个更为中立也许还更加学术化的表达，但留下了关于起源的问题。

事实上，几乎整个人类赖以生存的谷物、蔬菜等植物的基因库都是在一部分有限的地区形成的。因此，改良作物的基因多样性在未来依然会留在同一限制范围内生长的植物上。在过去五十年里，这些地方中的每一个都有过很大的变化，使它们包含的基因资源大大减少，现在还有完全毁灭的威胁。它们的毁灭将彻底摧毁大部分物种的基因基础，这部分基因基础是植物种植者用以改良植物的。

瓦维洛夫起源中心的说法引起的明显的问题是为什么它们那么

少？界限那么明显？狩猎者漫步在地球各处。他们聚集起来，食用整块欧亚大陆上的植物，然而关于驯化、养殖的秘密只有大陆南部边缘特定区域中的人掌握。人们也在整个北美洲活动，但是，除了一些例外，比如向日葵、北美野生稻、南瓜和耶路撒冷蓟是由当地土著收集但可能是由欧洲人培育的，很少有从今天的美国和加拿大收集的作物最后获得了影响力。相同的模式也适用于非洲和南美洲广阔的区域，这些地方也都是作物培育的秘密外泄的地方，耕种作物的实践传到了气候条件允许的每一个角落。

我们也需要思考为什么世界上某些区域给了我们很多，而其他气候相似的地方给我们的却很少，甚至什么都没有。桑人的宗族进行狩猎，把野生植物的根部和果实集中在南非的大西洋沿岸地区，澳大利亚土著居民居住在西澳大利亚的土地上，加利福尼亚的美洲土著和智利中部土生土长的人们居住在气候与地中海地区相似的地方。但是，这些地方没有任何农业遗迹，那里的植物也没有一种被人工栽培。狩猎仍在进行，但至少他们吃的一些植物是可以种植的。显然，通常来说，土著居民的文化和部落结构也是影响要素。

技术最好的农民在种子产生幼苗之前一事无成，种子产生幼苗失败有很多原因。一些种子在被收获前的几星期腐坏或在播种之前很久就死去。一些种子只在遇到特定情况下发芽，没有了这些条件，是不会有幼苗出现的。很多种子只是偶尔发芽；一些幼苗一周后出现，一些幼苗在接下来的几个月中出现，一些在一年后出现，有些甚至在两年后。不论产量有多么令人满意，这些种子从不在特定的时间产生充足的幼苗来提供有价值的作物。一些物种的种子发芽比较晚，它们在被播种后会在土壤里停留几周；杂草会取得领先优势，幼小的作物也许在"出生"时会窒息。一朵野花不会有像人工种植的植物一样的未来，除非它能产出保存完好、播种后能很快发芽的种子，并且能有很多种子，来生产足够多且数量稳定的幼苗用来种植。当种子既没有小到一播种下去就消失在土壤里，也没有大到会被鸟类和啮齿类动物吃掉的时候，事情就会简单一些。

地中海地区以外的其他地区，提供了发展发芽策略的条件用来耕种。例如，墨西哥多山地区的气候与地中海气候就是对立面。干燥寒冷的冬天是不适合植物生长的，植物生长的季节由春天和夏天延伸到了秋天。但是，这些山谷是人工种植甜椒、西红柿、豆类和玉米的发源地。虽然有很大的不同，但是地中海气候和墨西哥气候都有一个至关重要的特征——每年从有利的季节到不利的季节的转折是清晰且连续的。它们都在不同的季节来生长、开花，使种子成熟和产生幼苗。同样，当到了产生幼苗的时间，胜利者是那些立刻发芽的种子。

然而，这两种气候间的基本区别是地中海气候的地区有冬天生长季，墨西哥地区有夏天生长季。原种生长在地中海地区周围的作物可以在一年中的早些时候，土壤在经过冬天后还很凉的时候播种，但它们会趋向于停止生长，在夏天时结籽儿。相比之下，西红柿、玉米和辣椒的种子只有在土壤已经变暖的时候被播种才能成功发芽，然后享受夏天带来的高温。

制定一种野花的发芽策略是否使其容易栽培的标准影响深远。发芽战略决定了恰当种类的作物和狩猎者群体能发展成定居农业社会。在世界上大部分地方，当地居民是没有机会成为农民的，因为他们聚集起来食用的食物很少能以某种方法栽培。养育野花的种子、块茎和果实充当食物来源是不充足、不适宜的。这些植物从未成为人工栽培的植物，只是因为人们没有掌握栽培它们的可行策略。

第五章
时空的旅者

"我们这是在哪儿？"我看着克里斯。他摇了摇头，耸着肩举起了一只手，掌心朝上，伸向空中。这是一个我们每天都会互相问好几次的问题，也是各地植物收集者总挂在嘴边的问题。克里斯·汉弗莱（Chris Humphries）当时是雷丁大学的学生，后来成为伦敦的英国自然历史博物馆植物学部门的重要人物，他是我在1970年代表克佑区种子库第一次在希腊进行种子收集探险的旅伴。我们是南斯拉夫、希腊和保加利亚工作团队中的成员，我们收集的重点是豆科作物。

　　我们手里有两种地图——德国公路线路图，只要我们在公路上，它就能准确地告诉我们具体的位置，还有英国的军用地形图，它在20世纪30年代首次被绘制，此后很少修改，上面标示着群山、峡谷与河流。每次我们出去收集的时候都要记录下地理位置和海拔高度。这些在今天都不是问题，因为我们掌握了人造地球卫星技术和地缘政治手段，但是在没有人造地球卫星的日子里，我们在山里疲惫地绕了数小时后，对于到达了地图上的哪一点以及身处的海拔高度往往会相当困惑。我们进行了大胆的猜想，像许多之前的植物收集者一样，大致预估我们来到了目的国，凭借着一点幸运和鼓舞，我们就处在大致估计的范围之内。

如果我和克里斯常常不清楚我们的行踪，那我们所搜寻的种子是怎么知道自己到了哪里的呢？有生命的有机体会对其周围的环境有所反应，如果它能够以一种恰到好处的方式来满足自身的需求，那么它只能以一种很合理、很明智的方式来完成。植物生活在一个超出我们想象的世界里，以我们通常评价情形、事件的影响以及设立场所的那些术语是无法解释它们的生活与反应的。阳光耀眼的时候我们寻找树荫，饥饿与口渴的时候我们寻找食物和水，炎热的时候我们想办法寻求凉爽。植物能对阳光、树荫以及干旱做出反应，却无法减轻它们带来的压力。

作为哺乳动物，我们的体温是恒定的，无法做到白天暖，夜晚凉。但种子与人相反，能做到白天暖，夜晚凉，它的温度与大自然保持同步。通过对不同情况做出不同反应，种子能够利用温度对过去的事件做出反应，还能够为未来做准备，这是人类无法做到的。

确保种子在合适的季节里生长为幼苗的策略为周密计划提供了广泛的基础。但是它们可能不关注细节，它们会为了发芽而清理种子，但是当地的情况可能并不适合种子的生长。比如种子会被深埋进土壤中，以至于没有一株幼苗能够挣扎到土层表面。在幼苗找到扎根之处和生长空间之前，很有可能会被其他植物压得窒息而死。盲目行动不是生存的秘诀。不管身处何地，种子需要能够感知什么东西在自己上方，感觉到周围发生了什么，还要定位方向和位置。这些对于既无眼睛亦无其他用来识别的感官的植物来说似乎是不可能做到的。

如果我们能读懂种子接收的信息，找到适合让它们在严酷的考验中生存下来的方式，并传递它们的经验，就能够做出理想的、小巧的、明亮的、现成的时空胶囊。可以将它们发送到外星去搜集相关情况信息。种子能够测量并记录温度，标记昼夜温差，测量白昼长短、日照强度、遮阴障碍物之存在、土壤的水分状况、季节轮换、土壤的含氧量以及二氧化碳和乙烯的浓度。它们很自然地每时每刻、日复一日地做着这些。

在沉醉于行星、星系和时空胶囊的美景之前，让我们先看一看种子是怎样在地球上迁徙的。这使我们重新回到有关固定种植的循环主题。种子通俗的概念是能够使植物移动到新的地方的东西。目睹了植物为种子迁徙准备的不同寻常的设施以及借助过路动物迁徙的方式，不得不说这是准确的。然而，植物宁可利用种子来巩固并强行占有也不愿找出新的地方来生长。举个例子来说，蓝铃花的种子落到地面上之后，围绕着母株组成小的团体，年复一年地扩展成为巨大、密集和壮观的群落。

地中海周边以及临近中东地区的一年生植物也会用种子扩大领地。夏天的时候太阳烤焦了大部分植被，或多或少留下了一片寸草不生的土地，等待着在凉爽潮湿的秋天回归的"殖民者"。这样的空间是留给那些一年生植物的。一旦立足，它们就会用种子来巩固现有的空间，以期长久占有。母株在哪里生存和死亡，它们同样也在哪里生存和死亡，假如条件对它们有利，它们便可以抵抗灌木的侵略。它们可能会年复一年在同一个地方发芽——将一年占有变为多年占有。在自然条件下一年生植物的生活方式是危险的，但是当流浪猎人聚集起来，越来越多地在此定居，他们也就改变了当地一年生植物生活的平衡状态。拾柴、放牧、圈养绵羊和山羊，建造房屋并在其周围活动，他们开始逐年开发、保持和扩大土地。一年又一年过去了，随着种子一代接一代地掉落在地面上，小麦、山羊草、大麦和类似的一年生植物长得更加茂密，逐步控制了那些空地。

然而，大部分物种的种子是适合摆脱母株的，并且有大量的方法来做到。很多是依靠风（图23）。白蜡树、枫树、桦树、鹅耳枥以及松树、冷杉等长出带有翅膀的种子，最多能影响到方圆几百米。虽然大多数情况下只能行进一小段距离，但是蒲公英和蓟能携带着种子乘着丝状的降落伞在凛冽的寒风中被带到千里之外。柳树和杨树产出大量微小的种子，缠在明亮坚固的细丝网上，伴着清风飘荡。兰花的亲代与子代的关系很差，它们不惜一切代价去撇清关系，包括种子幸存的最大希望。兰花种子由一串差不多丧失营养储备的无差别的细胞组成，被包在一张脆弱的网中，这张网轻得能在微风中浮起。兰花种子飘到几百公里外甚至穿越大洲和大洋，找到生存之所的可能性极小，或者说根本没有可能。即使这些种子足够幸运，它们仍然缺少养分去支持生长，这使得它们要借助真菌伴侣的滋养和支持。植物种子为何放弃在家门口找到安身之所而徒劳地长途迁徙仍是一个谜。这种看起来古怪的、不合理的生存方式使得许多兰花都必须在一生中产出几百甚至成千上万颗种子。

　　一些种子是水手，就像热带海滩上典型的棕榈树、椰子树，其种子随着来自海洋的水流漂走，有时在到岸前会漂过几千千米（图24）。许多种子会被浸入的海水杀死，但是有少量种子，特别是几种豌豆家族的成员，它们的胚芽被不可穿透的种皮保护着，能够在水流中漂浮几个月甚至几年。意料之中的是，在海岛中自然生长的植物几乎都可以适应盐水的运输，加勒比海诸岛和印度尼西亚群岛是它们最著名的家园。从加勒比海来的种子通过墨西哥湾暖流和北大西洋暖流能够到达英国西海岸。

　　动物也同样，无论什么外形和种类，都能帮助种子从母株身边移走。有些动物被动地做着这些。新西兰的毛刺类杂草，纤细老鹳草、牛筋草或猪殃殃，在种子上配备有挂钩和抓钩等装置，以粘在经过的动物的毛皮和登山者的袜子上，借此自由地到达别处。种子还会缠在绵羊的毛上。20世纪初，在约克郡羊毛工厂周围的土地上，从海外进口的羊毛制品被丢弃或者贮藏起来，因此这里一度成为植物学家设法得到异国植物的快乐猎场。最终，很多"劣质"的植物被编辑进了一本书——《不列颠群岛的外来植物》中。

　　罗汉松是南半球针叶树的一种重要分支，和它的表亲紫杉一起采取"行贿"的手段。它们把自己包在甜的、色彩明亮且多肉的包装（被称作假种皮）里或者把自己围在鲜美多汁的李子类水果中吸引鸟类、蝙蝠、树上生活的哺乳动物等寻找美餐的动物，而不是被动地等待经过的动物拾起它们的种子。苏铁的种子固定在所有小于十级风力的地方，同样也被包裹在甜的、多肉的覆盖物中。动物从苏铁的球果中移走大块的种子，咀嚼甜的覆盖物，最终将它们排泄出来。如果苏铁的种子足够幸运的话，它将能够在一个地方发芽、生长。

水果的外表标志着漫长的植物与动物之间的联盟过程的开端，还是另外一种有关地球上生命演变的主要里程碑。这种策略是成功的 —— 动物吃掉水果，将种子带到远离果树的地方。这种策略在任何地方的实施都比新西兰要成功。在岛屿升出海平面将近250万年以前，只有鸟类和极少的爬行动物到过这里。没有哺乳动物和蛇成功地来这里开拓殖民地，所以新西兰也就成为鸟类的王国。它们居住在繁茂的常青植物和温带森林中，享受着舒适的气候和几乎没有食肉动物的环境。由于无须耗费精力迁徙，许多鸟类已经失去了飞翔的能力。但是，这种舒适的条件也造就了独一无二的情形。缺乏大规模捕食时，鸟类数量过剩就成为物种生存的巨大威胁，比维持被捕食者与捕食者之间的平衡还要重大。鸟类必须要找到繁殖较少后代的方法，否则将要互相残杀。

罗汉松含糖的果实就是答案。它们备有足够的营养来支持这种不严格的生活方式，但是蛋白质等不足使鸟类产蛋量过低。小窝孵化、下蛋少，成了一条规则。几维鸟每次只产一个卵，单独孵化一个蛋；其他鸟每隔一年左右筑巢。毛利人的到来改变了这一切。他们吃鸟，享受着美味的家鹅、天鹅等禽鸟，以至于使它们灭绝。然后欧洲人来了，继续砍伐森林，又引进了老鼠、猫、雪貂和负鼠，因此毁灭了许多小型物种。今天，环境保护主义者在想尽一切办法使新西兰鸟每年至少孵化一窝鸟。

新西兰是世界上唯一一处可以让植物不必向动物提供美味果实以期达到传播种子的目的的地方。在别处，当一些美味的果实最受欢迎的时候，它们必须要有更多的果实作为食物。在热带森林里，无花果可以填补空缺。令人惊讶的是，850种不同的无花果在世界各地生长着，通常都被当地居民或者伐木工人遗弃，因为这些无花果既无法提供木材也不能提供有用的材料用来盖房子或用作其他用途。然而，无花果是最宝贵也是最能保护野生动物的树，树上布满隐蔽处和裂缝，可以让鸟类筑巢，让动物寻求庇护。无花果还能够产出大量的多汁水果作物，这些是猴子、鹦鹉、狐猴和巨嘴鸟赖以为生的食物。一年里的某一天，在森林里的某处，一棵无花果树会结出成熟的果实，无论它在何处，鸟儿都会飞来，哺乳动物也会开辟一条小径来到这棵树的身边。

在热带地区，多种多汁水果能够作为无花果基本日常饮食的补充，同样在世界较冷的地区，动物们也渴望享用。但是蔷薇果、山楂果等水果含有少量的淀粉和微量的蛋白质，被大量的糖分变甜，却不足以对抗冬日的霜冻和下雪的时期，在这期间，食物供应短缺，生存要依靠更加充足的脂肪储备。田鸫、红翼鸫和连雀把水果当作饭后甜点，但是用昆虫、蠕虫以及其他蛋白质来源作为补给。植物也是这样，持续提供更多的食物，但是这样做就从根本上打破了它们与它们所赖以传播种子的动物之间的平衡。

以前，诱饵是水果中的肉质组织，而不是种子自身。种子与水果同时被吃，但是大多数种子都被坚硬、难消化的种皮保护了起来。它们毫发无损地穿过鸟的身体，被存放在远离母株的地方。现在种子自身的物质就是动物需要的食物，并不是含糖的附件或者果肉状的包装。获得服务以交换廉价食品的概念起初是由罗汉松设计的，后来已经发展为更加昂贵和要求高的操作。它往往涉及损失一部分 —— 通常是代价很高的一部分 —— 植物的后代。

榛树、胡桃树、栗子树和橡树维持着和动物多年共生的联盟，产生出富含碳水化合物、油、脂肪的大型种子，对于饥饿的鸟类和哺乳动物具有很大的吸引力。这种努力的结果是一个橡子 —— 一棵橡树众多种子中的一个 —— 被带走并埋藏在某处，长成一棵橡树，继续生长更多的橡子。剩下的都是给鸟类、哺乳动物、昆虫和真菌的营养，大部分完全不参与提高橡树幸存下来的可能性。这对树的益处仿佛是最少的，但是我们假设这项资源开支是非常必要的 —— 大概是因为幼苗的机会很少以至于种子必须随时做好等待和休息的准备。

生产常规的、小的、干燥的种子的植物面对这种情况时会把含盐的种子放在土壤种子库里，这样种子可以休眠数十年，甚至几个世纪，等待着萌发的机会。但是在种子库中开一个"账户"并不适合橡树和坚果树。它们巨大的、潮湿的种子无法在假死的状态里活下来，而那些小的、干燥的种子很快就能适应这种状态。即使它们可以，它们身边仍有太多生物被种子库吸引着。所以橡树 —— 同样还有一些坚果 —— 与松鼠、松鸡还有其他能运走掉落的橡子并将其埋藏在周边乡村的动物发展了伙伴关系。这种伙伴关系甚至发展为橡树根据当地携带种子的鸟类的喙的大小来生产自己的橡果 —— 为小鸟生产小橡果，为大鸟生产大橡果。这样的安排安全地把橡子藏到了掠食动物的视线外，而不幸的是，这些橡子无法幸存，因为松鸡和松鼠非常善于记住它们的战利品在哪里埋藏着。橡子最好的生存机会就是这些动物在重新找到它们之前就早早死去。

橡树是一个显著的例子：种子显然是以一种挥霍无度的方式供养着周围的世界。但是，这是不寻常的，因为橡子是一种很大的物体。有一个简单的方法让植物来减少这些施舍，就是生产有毒的种子。它们生产毒素的装备极其精良，并且这样做很少引起麻烦。然而，让动物到处去传播种子的益处显然比喂养它们更有价值，因为只有极少数的植物会产生有毒的种子。橡子说明了这一点。关于未来，它们唯一想要的就是寻找一些方法使自己不再活在父母的影子下，但因为自身过重以至于无法在风中移动，让动物来做搬运工自然成了最可行的选择。幼苗在父母的庇护下，生存的概率很低。失去庇荫，就更没有希望生存了，树会倒下并且令阳光透进来，幼苗将会遇到雨后的霉菌孢子和在它们头顶上吃叶子的毛毛虫，这会迅速压垮它们。

如上所述，一些植物拥有下毒的路径，特别是豆科灌木。豆科植物已经解决了一部分问题，一旦豆荚成熟，它们通过产生一种能推动种子发射几米远的机械装置把种子从母株附近移开。分发及时（即不同代的种子在不同的时候发芽，因此显现出不同的基因组合可供挑选）是通过把胚胎放入不受影响的种皮中做到的。解决了那些问题后，植物就基本不需要鸟类或其他动物帮忙了，其中一些植物设法用有毒的生物碱打包种子以阻止种子捕食者。但是，一群小甲壳虫、豆象（农民很熟悉的豆科害虫），已经提高了对毒素的免疫力。通过往自己身体里填塞毒种子，豆象蛆变得有毒，还对多数捕食者的进攻具有免疫力。

一旦一颗橡子或者其他种子发现自己处在良好的、温和的土壤环境里，它们可能会认为麻烦变大了，幼苗可能会被竞争植物吃掉或者压倒。然而，这离事实还很远。

尤其当你是一棵树的时候，安全着陆就拉开了遥远未来的序幕。但是，无法保证未来甚至当下的生存，因为树是非常长寿的，这更像是一个毫无希望的冒险。在美国西北部的瑞尼尔山北坡长满松柏科大树的森林，证实了上述观点的正确性。这个长满古树的森林，在汉纳佩克石河的小岛上，是一个道格拉斯冷杉、红色雪松和毒芹的小型紧密的群体，其中一些树龄超过千岁。这个树林有时被称为最出色的西北古老森林之一。这是一件令人惊喜的事情，一群树的衰老比强大的活力更显而易见。已经半腐烂的巨大枝条正在掉落，已经落下的庞大树干在地上慢慢地腐烂。那些健康的树常常长得乱七八糟。最老的树就是道格拉斯冷杉，体面一点的是西方铁杉 —— 并不是因为它们比冷杉活得长一些，而是因为它们代表森林传承的最后阶段，这里的继承人最初利用冷杉将此地归为己有。

几个世纪以前一场森林大火帮助了道格拉斯冷杉。它们的幼苗在种子被风吹进邻近的偶然幸存的树不久之后就萌芽了。它们生长在一片森林里，与林业种植园没有什么不同，一直持续了几百年。当冷杉叶子的阴影增大，地面上掉落的针叶表层的腐殖质增强，那些从附近森林里吹过来的种子在这里落地生根，西方铁杉和红雪松的幼苗在生长。同时，一年又一年过去，道格拉斯冷杉的球果产出的种子成熟了，并且掉落在柔软的地面上。但是，几个世纪过去，正巧在它们的母株倒下、掉落到地面的时候，铁杉和红雪松接管这片森林，道格拉斯冷杉可能无法萌生幼苗。这种条件对发芽是不利的。某一天，另一场森林火灾将会横扫这片长满古树的树林，烧死雪松和铁杉，烧掉富含有机覆盖物的森林地表，并且提供矿物基质和阳光以供道格拉斯冷杉的种子萌发幼苗。

许多树的种子，特别是针叶树，展示出了对一种特殊条件的偏爱，在自然和林业的实践中，决定着幼苗的生死。道格拉斯冷杉在森林火灾、飓风、火山喷发、山体崩塌等毁灭性灾难过去后，成了这片土地上所有物种的先驱。冷杉的种子在寸草不生、裸露的矿物质土壤中发芽，那里常常会缺乏腐殖质。它们在彼此的陪伴中生长着，没有大树的扶持和庇护。巨大的红杉也是先驱，还有刺柏、圆柏和新西兰杉木，以及美国黑松和美国红松。另一方面，西方的铁杉是"移民"，喜欢已经建立好的环境。它们的种子在腐殖质丰富的森林地面上发芽。幼苗在现存的大树的遮蔽和庇护下长大，用好几个世纪等待一个机会去接管先驱留下的一切。沿海地区的红杉也是"移居者"，与许多冷杉、柏树、云杉、紫杉和松树一样。

森林的特殊时期意味着在那几个世纪里，某些物种的种子在那种条件下不可能发芽。种子没准会在土壤种子库中存活几年、几十年，但是生命会持续多长时间几乎不重要。树本身的长寿使得种子能及时生产出"旅客"，在生产下一代幼苗的机会出现时就做好准备。

略小的植物很少能像树存活的时间那么长，但是它们仍然可以带来惊喜。一项有关草地多年生草本植物种群的调查显示，一些植物能存活几十年。例如最年轻的一群白头翁树生长在英格兰南部的丘陵地，可能已经三四十年了。种子一年一年地产生着，而一种新植物的到来是一件很稀奇的事。这个现象证明环境保护主义者的观点是正确的，适量的种子可以聚集在一起，即使有稀有植物的种子，这些种子也不会危害到物种的生存。

豌豆家族的许多成员发展出了一个简单却有效的方法来延长种子的生命。在种子拥有了油脂表层和壳质物质、变得成熟以后，种皮就被浸染，使自己不受外部世界的水和气体的影响。在体内的胚胎可以几乎无限期地生存，与世隔绝，但是，没有水和氧气的维持，它们无法萌生幼苗。几个月过去，也许是几年过去，风吹的沙粒、昆虫的啃食或者真菌的入侵都在磨损和降低种皮的完整性。水和气体深入到休眠的胚胎里，唤醒和产生了幼苗。这是一个有几分随机的系统，但是许多年来有效地促生了发芽。

据记载，种子在博物馆和植物标本室的橱柜里珍藏许多年后，依然可以长成幼苗。1940 年 9 月，两枚燃烧弹和一枚大型汽油弹打穿了伦敦大英博物馆植物学部门的屋顶。埃德加·丹迪（Edgar Dandy）是当晚为火险值班的植物学家，他迅速地灭了火，保护了收藏品，但是部门的许多书籍和样本湿透了。其中有一些中国合欢树的种子，是 1793 年马戛尔尼（Macartney）受命与中国的皇帝建立外交关系时收集的。着火时这些种子得到了水分，并且抓住了机会，在差不多一百五十年后，发芽并长成幼苗。2006 年，公众对这些幼苗产生了兴趣，因此皇家植物园邱园设法使这些种子发芽。这些种子，威坡萨脂豆、山龙眼、金合欢树，是 1803 年荷兰商人扬·提尔林克（Jan Teerlink）在好望角旅行时收集的，种子被储存在一个达不到理想条件的环境中。更戏剧性的是，一群研究员能够使来自中国的湖床里的莲花种子发芽。这颗种子大概有1288年的历史了。

低温和干燥的环境为种子提供长期生存的条件，除了巨大的、明显潮湿的坚果的种子，比如橡树、柑橘树、珙桐树、枫树等的种子。这些物种的种子生命很短暂，在极度缺水的状态下会死，或者在气温降至冰点以下也会死。

在20世纪三四十年代，美国有关种子贮藏的实验显示，种子可以在气温远低于零度和水分含量不足5%的低温干燥状态下生存。从实际用途来看，商业的冷藏和国内的低温冷冻提供了合适的温度，商业里广泛应用的干燥剂比如硅胶能有效地为种子除湿。这些发现在1958年催生了一个冷藏装置，在科罗拉多州科林斯堡市美国农业部的国家种子存储实验室。这个装置能长期保存农作物的种子。这个机构随后进行了用于种子贮藏的世界范围的农作物基因资源保护工作。

这一章中到目前为止，种子所扮演的角色是被风携带或者被动物装载的物品。它们对一切无能为力，听从命运的差遣，身在一个没有希望长成幼苗也没有一种力量运输它们的环境里，它们无法控制也无法选择。当种子被装载、被存放或者被风吹到最终到达的任何目的地后，它们不再被动了，而是成为自己命运的主人——或者准确来说，是它们将要产出的幼苗的命运的主人。它们对周围环境的判断、对事物的评判和未来前途是否敏感和准确，以及发芽的时刻等，对树苗来说是生死攸关的问题。

　　发芽是一个结果，不是一个过程。开弓没有回头箭。从种子变成幼苗只是片刻的事，虽然可能在种子以幼苗的形式出现之前要经过许多天。种子发芽是有策略的，如果任何规定的情况不达标，幼苗是不会出现的。一旦它们满意了，种子也就做好了准备。给它们提供充分的水分、氧气等基本的必需品作为供给，它们需要的就是一个正确的刺激来引起反应。一旦开始以后，新陈代谢的活动就开始加快。储备被调动出来，胚胎被激活，细胞开始生长，几天之内，根与芽融入了这个世界。

　　扣动扳机的刺激物就是阳光和温度，两者独立或者相结合。我们知道种子是怎样感知温度的——即使是无生命的物体也能在气温上升时变热，气温下降时转凉，所有有生命的有机体的新陈代谢都直接地受气温影响。但光是不同的。动物通过眼睛看到光——不一定是像我们一样的复杂的器官，但至少是能辨认光的感觉器官——通过大脑做出反应。很明显，种子既不控制眼睛也不控制大脑。然而，感知光的第一步是吸收光，包括一切有色的光（这里简单地指一切不是白色的东西），沉浸在光亮中。许多种子拥有的褐色的或略带黑色的表皮能吸收光，但是这并不意味着它们善于"看"光。感知光的基本要求就是拥有利用能量改变或者加快新陈代谢的能力，还有传递这种改变的状态或者加速一些感官的反应的能力。种子对世界的看法或许异于我们，但是它们可以"看"。

　　光合作用是维持植物生命的根本的方法，对动物并非如此。光合作用利用太阳的能量产生糖分，这是植物利用光的最常见的方法。然而，光合作用只是光被利用来推动或控制生长发育的众多方法中的一个。叶绿素是一种绿色的色素，它给了树叶特有的颜色，在光合作用的过程中从阳光里获得能量。各种各样其他的色素在植物细胞中推动着其他过程，其中有一种能够使种子发现光并且做出反应。

植物是如何向生长于其中的世界做出反应的呢？这是那些天真幼稚的问题之一，能引出意义非凡、影响深远的回答。直到几十年以前，植物学家们被请求接受这个答案，而不是回答这个问题。正统说法宣称，在相当模糊的时期，植物生长并主宰自己的生命是通过适当地向土壤和气候以及气温的变化和每日光照度做出反应。这些混杂的、多变的、频繁的异常刺激为植物提供了各种信息：何时开花，在冬天来临之前提前停止，在寒冷天气到来以前进入休眠状态，等到春天开始再次生长（一切在寒冷的情况下都不合时宜），并且完成其他复杂的组织的活动。它们不仅会处理当下的事情，还设法预料结果。

1918年，两位植物生理学家怀特曼·加纳（Whiteman Garner）和哈里·阿拉德（Harry Allard）在紧邻华盛顿的贝茨维尔的美国农业部研究所工作，他们愈发对两种培植植物奇怪的行为产生兴趣。一种是品种多样的烟草，被称作马里兰猛犸。这种植物对弗吉尼亚州的烟草种植户来说很有好处，因为它很少，也许曾经开过花。只要它不断地产出烟叶，就能为烟草种植户带来利润。另一种植物非常我行我素，它就是比洛克西品种多样的大豆。虽然种植户们采取两到三个星期间歇播种的方式以错开收成期，但是他们发现——不论什么时候播种——每一批豆子都同时成熟。

　　加纳和阿拉德把烟草和大豆的幼苗栽入花盆里生长，其中一半整个夏天都长在室外，另一半每天下午都放入一个黑暗的棚屋，每天早晨再取出来。被放置在棚屋的马里兰猛犸早在夏天结束之前就开了花，而被放置在室外的那些还在继续生长着。移入棚屋里的大豆比一直长在室外的大豆早开花五个星期。

　　加纳和阿拉德应当心里有数，当他们用了一个夏天把植物移入移出棚屋，最有可能的怀疑转变成一种假设，马里兰猛犸和比洛克西大豆何时开花与白昼的长度有关。棚屋实验提供了一个简单有效的方法来检验这种主张，但是却没有证明白昼的长度对发生什么事情有影响。棚内的植物所处的温度与室外的植物是不同的，湿度的变化也与室外不同，并且日常享有的阳光也非常受限。

　　以上任何一个微妙的因素都有可能会对结果造成直接的影响。但是，接下来的实验证明了白昼的长度确实是开花的关键。昼长同样也是开启植物如何对环境做出反应这个秘密的关键。秋天，白昼的长度缩短，树叶就会落下。地中海沿岸的一年生植物在初春时期昼长延长时开花，目的是确保它们的种子能在炎炎夏日袭来之前成熟。经过了一个春天的冲刺，许多多年生植物停止了生长，白昼延长时花儿盛开了。其他植物，比如烟草和大豆，充分利用了夏天的馈赠，在秋天临近、白昼缩短之际，它们集中全部的力量生产果实。春季开花的鳞茎植物的叶子掉落，植物撤退到地下以应对白昼延长，在雨季才有可能在地面上待得久一些。这些都是预先警告、提前响应，为未来做准备。

　　加纳和阿拉德创造了一个术语"光周期"来描述白昼的长度，还用"光周期现象"来描述植物对白昼长度做出反应的现象。世界每个地方白昼的长度都遵循一年生植物规律的变化，年年都能预料并且始终不变。最简单的意思是，一种植物能测量白昼的长度，就能在春分到来之际安心地期待着夏日的到来，在秋天昼夜等长的时候为冬天做准备。

为了能够应对昼长，植物必须能够"看到"光，而且更有趣的是，要有一些测量持续时间的办法。几年前人们发现了这一切是如何做到的。主要的贡献是由贝茨维尔实验室里的生理学家做出的，这个实验室曾是加纳和阿拉德做出最初的发现的地方。在20世纪40年代到60年代之间，斯特林·亨德里克斯和哈里·波茨维克逐步缩小调查的范围，从光在光谱的红色端十分强烈这个发现入手，研究其对种子发芽和花芽形成的影响。之后他们声称识别出了一种色素，是与光周期的反应有关的光感受器，在生物物理学家沃伦·布尔特的帮助下，将其命名为"光敏色素"。不幸的是，光敏色素在如此低水平的状态下顽强抵抗，无法提取，还有对手轻蔑的、令人生气的评价——对于这种看不见的色素，对手怀疑是否真的存在。终于，令人十分满意的是，亨德里克斯带给大家一小瓶纯粹异国样貌的青绿色液体。他不仅能够使质疑者信服这就是光敏色素，还可以完美解释其原理，分析出其化学组成。

光敏色素实际是一种蛋白质，能吸收可见光中的红光，接近生理感觉的限度。光敏色素在被照亮的时候会发生变化。当光敏色素吸收光的时候，会改变形态。吸收光时，光敏色素的两种形态可以通过它们细微的颜色差别来辨认，由光的波长体现，用纳米（nm）来计量。一种形态是亨德里克斯小瓶里的形态，吸收的多是光谱红色端的光（650～670nm），另一种形态吸收的波长高于人类视力的限度，在光谱的远红外端（705～740nm）。

　　这种蛋白质能够使植物看见光，利用它们接收到的信息评定情况，相应地改变自己的行为。吸收红光的光敏色素首先为植物提供一种简单却非常有效的方法，用于确定光源的存在和方向。其次，因为光穿过叶子，构成光谱的光发生了移动，向着光谱的远红外端移动，能使植物察觉到悬伸的叶子。最后，因为在黑暗中，远红外的光敏色素渐渐地回到红外光敏色素，使植物能够测量黑夜的长度。黑暗的周期越长，这种逆转也就越彻底。事实上，不强调光周期和昼长，植物实际上对黑夜的长度是有反应的。然而，惯例已经完善并且被广泛理解，植物学家明智地决定就此作罢，不再对白天短还是夜晚长的问题斤斤计较了。

　　光敏色素有很多种方法调节植物的生长发育，更贴切地说是种子的发芽和幼苗的成长。因为光渗透进土壤里，使种子能够测定被埋的深度，从而避免发芽时被埋过深，幼苗无法到达土壤表面。黑夜降临时，强化了温度变化的影响，种子在地表所受的影响远比在地下要大。

　　外悬的叶子对幼苗来说是另一种危险。我们注意到树荫能降低整体的光强度。种子记录了光谱的构成的重要变化，因为红外光在穿过叶子的时候被吸收，这个结果提高了远红外光的比例，给了植物一个预兆。这警告了种子，新建的结构有可能会抑制幼苗的生长。如果种子忽略了这个警告，不管上方的叶子，继续生产幼苗，幼苗的光敏色素会再一次控制它们的生长，使它们迅速成长。

　　奇怪的是，虽然种子利用光敏色素去应对光线，但实质上没有关于昼长控制发芽的记载。这种策略帮助地中海沿岸的一年生植物取得了胜利，是基于对气温的感知从而避免了在高温干燥的夏天发芽，在秋天气温下降时，大量幼苗迅速涌现。还有很多关于种子应对气温的情况，基于白昼长度的策略显然是有效的。原因也许是简单实际的。对昼长的反应一向如此，或许唯独以完全暴露在阳光下的叶子为中介，种子却常常发现它们处在无法准确感知昼长的情况下。

对我们来说，这个选择是偶然的。如果地中海沿岸的一年生植物做出抉择，应对昼长而不是气温，花园里许多重要的蔬菜和花卉对园丁来说将失去价值，除了在欧洲温暖的地区或者北美。这里不再会播种流行的蔬菜，比如莴苣、宽豆角、菠菜和豌豆，在春天，也不会种人们喜爱的花，比如燕草属植物、万寿菊、矢车菊和雾中美人花，因为它们会躺在土壤里不长出幼苗。只有秋天播撒的种子才会发芽，这些植物永远不会成功地在花园生长，因为冬天太冷，它们的幼苗无法存活。同样，如果光周期——而不是气温——控制着中东地区的小麦、大麦等主要农作物萌发幼苗的时间，我们将不会有在春天播种的选择权。这些农作物也会拥有有限的空间，在这里冬天的环境对幼苗的生存来说不是很恶劣。不选择在成为常态的春天播种，这的确值得我们怀疑种田耕作或者有效的蔬菜种植是否能传播得那么远。

实验室的实验显示，种子几乎可以对光瞬间做出相同的反应。极短时间的暴露，以秒计算，能够在刺激物的刺激下使种子萌发幼苗。观察结果显示，即使在耕作期间由土壤发出指令，也足够激发许多杂草发芽。

　　他们做了许多努力去准备需要阳光来萌发幼苗的种子清单，还有那些更适合在无休止的黑暗中发芽的种子，以及不喜欢这两种方式中任何一种的。在这个清单里，一致性的不足比实用性更显著，特别是那些声称种子在完全黑暗的环境中发芽情况最好的。在完全黑暗的环境中发芽是令人烦恼的事，因为种子似乎需要利用阳光做向导来获取许多，也需要把幼苗传送到黑暗中来失去许多。误导人的结果有可能是由实验中用来照明的灯造成的。灯光不同于阳光，它们散发的光波波长会抑制发芽。气温也会大大影响植物对阳光的反应，这些用于日常例行检查的实验室也许无法反映自然情况。检查更倾向于在20℃或者更高的温度下进行 —— 温度接近较高的限度或者极高的限度，那些在温带地区的植物的种子在低于自然条件的温度状况下发芽。种子对温度和光的反应常常是一起的 —— 种子可能在利用两者来觉察自己躺在多深的土里，发现种子对光和气温的反应存在差异是很正常的。明确种子应对光和温度的差别可以通过观察它在极大的温差下如何表现来实现，包括夜以继日地观察每日的气温升降。想要准确地了解气温对发芽的影响，需要能精确地控制气温的实验。

　　1964年，在我到达皇家植物园邱园的贾德瑞尔研究所后的几个月里，种子发芽成了新的生理学部门的主要研究主题。开始的几年里，研究种子对光的反应仿佛比对气温的反应更有希望、更有意义，表明这是被广泛认可的正统观念。1966年我去了贝茨维尔，去了解更多有关种子对光的反应。但是，波斯维克和亨德里克斯将要退休，而我被气温的问题深深吸引了。我了解到一种装备，可以为我即将回到邱园的工作带来改观 —— 它是一个热电斜金属牌，是由马丁·詹森（Martin Jensen）设计制造的，他那时在研究气温对种子发芽的影响。他把加热器粘在一个正方形铝盘的一边，用制冷剂将对面那边冷却，从一边到另外一边，产生了连续的梯度温度。种子播撒在潮湿的滤纸上，放置在铝盘上，体验气温随着位置从35℃移动到仅仅在冰点之上。

回到邱园，车间管理者大卫·福克斯（David Fox）自己生产了一个热电斜金属牌。他用一条铝棒代替金属牌，精确地加热一头，冷却另一头。一套铝棒使实验的步骤比单个的金属牌更灵活，经过实验，持续不断地使温度从0℃到40℃的梯度变化是能够维持的，这些热电斜棒很快成了我们试验中的主要实验设备。

研究温度对发芽的影响应当钻研细节，这是以前任何人都没有预料到的。这些实验之中包括关于不同蔬菜对气温的反应的调查。我们很吃惊地发现那些极其古老的农作物的种子，包括莴苣、洋葱、韭菜和西红柿，精确地在与成百上千代以前的野生祖先同样的环境下发芽。这使我们很难相信它们的发芽策略很大程度上或者全部是被耕作影响。我们收集了许多生长在各地的野花的种子，而且比较了幼苗生长的不同条件。通常种子被收集的地方对发芽只有很小影响或者没有影响。不考虑它们在何处生长，在一个物种之内，在特定的地区，大部分植物的种子，或者个别植物，采取着相似的策略——虽然不同的物种，比如不同的蔬菜，它们应对的策略大相径庭。

温度提供了种子需要的基础。种子在适宜的温度下发芽以后，对光的需要就显得极其重要。在被母株传播出去以后，不管被投放到什么样的环境里，种子首先要与环境相互影响。一些种子发芽很快，不论条件好坏，包括朱顶红、尼润属植物和文珠兰属植物的种子，常常在掉落之前已经生根甚至发芽。一些红树林的种子不仅发芽，还在脱离母株前长进很大的植物里，直接扎根于泥土下面，或者渐渐远去，被水流投放到遥远的海岸。

多数物种的种子自觉调整以适应周围的环境，应对温度和湿度的变化。它们会在土壤里躺几个星期、几个月或者几年，随着季节更迭、气温变化，内部开始调节新陈代谢。最后到了时间，它们就会发芽。

在植物生活史中，种子占据了独一无二的位置，还有一个更大的构造特点使它们与众不同。那就是吐火银鲛 —— 由两个或更多特殊的不同的组织构成的有机体。里面是胚胎 —— 有一个新基因型的新实体，是由父母的染色体组合而成的。外面是种皮，源于胚珠墙，完全是由母株细胞的基因型构成的。单种子的水果，例如莴苣、草莓和坚果，它们的胚胎被从母株的心皮和胚珠里衍生的细胞包围着，可以说是得到了双重保护。但是困难加剧了。开花植物的种子包含第三种从遗传学角度来看很明显的组织 —— 胚乳。这是在花粉细胞的第二个细胞核进入胚珠，并且和两个在产生卵细胞时分裂的细胞融合时形成的。结果是两部分雌性、一部分雄性的三倍体组织，在胚胎发育的初期给予滋养。有一些物种，构成种子库的主要部分，比如小麦、水稻和玉米，它们的胚乳养育着人类。

下一章着重关注园艺家如何照顾种子，以及如何利用种子培植出想要的植物。他们频繁地遭遇令人失望的情况，渴望生产幼苗，而种子却不乐意发芽。在这样的情况下，理解种子发芽的原因和理由至关重要，这直接影响着种子成长为幼苗的概率。

第六章

园中的种子

农民是种子的奴隶，园丁渴望掌握种子，但是，并非总是如此，并且，如今这种情形也仅是很小一部分。西欧园艺起源于中东和地中海附近，在这里，许多植物生产种子，且其发芽策略使其自然适合栽培。类似于农民，园丁也受益于此，花园中种植比例较高的蔬菜均源自"自愿"被培育的植物，这得益于它们的种子能够在低温条件下快速地发芽。一系列蔬菜品种 —— 包括莴苣、玉兰和菊苣、菠菜和藜、洋葱、大蒜、韭菜、青葱和其他葱属植物、豌豆、扁豆、鹰嘴豆、萝卜和油菜、胡萝卜、欧洲防风草和泽芹、鸦葱属和波罗门参、小萝卜、茴香和亚历山大白芷 —— 曾经在原始谷物地域的内部及周边共生，既未受鼓励也未受阻，完全处于自然状态，这些植物的自然属性均使其满足栽培需求和需要，且其品质使其在一个或多个方面值得收集和利用。

经过一段时间之后，随着这些有用的植物越来越受欢迎并经常被使用，它们不断被寻找、收集，并在人类的日常饮食中占据了一定的分量。人们随后收集它们的种子，并随机播种，以将其代代相传。之后，形成蔬菜地块，并逐渐发展为花园。

虽然不同蔬菜的种子在适于栽培的条件下发芽，但它们的响应并不相同，也未通过采用统一响应来适应栽培。经过数千代栽培，莴苣、韭菜、洋葱、芹菜、萝卜、胡萝卜和白菜等蔬菜的种子保留了其野生品种的发芽策略。

目前，存在大量关于农业和园艺的书籍，无论何时，当它们提及该主题时，通常将野花发芽响应的复杂性与栽培植物的无限制特征和基本实质进行对比。这些书籍经常坚持认为栽培植物的种子因失去野花的抑制特征而适应栽培。但相关证据并不支持这种假设。首先，经长期栽培的植物的种子的发芽策略与其野生品种的发芽策略一样。其次，存在夸大与野花种子相关问题的倾向。正如我们所见，许多原因确实造成这些问题。然而，世界某些地区的野花自然拥有使其非常适于发芽的响应。这不仅仅适用于根据时间和具体情况选择的物种。在伦敦西郊国立植物园进行的一项调查显示，在接受测试的六百多种种子中，50% 以上的种子在可接受的时间内产生高比例的幼苗。毫无疑问，植物园倾向于栽培适合栽培的物种，这是非常好的理由，否则根本不能栽培这些植物。但是，无论如何忽视这种趋势，结果仍然表明，在栽培种植中，受调查的 60 种不同植物表明大量物种至少具有基本的发芽响应。

欧洲人于 15、16 世纪发现新大陆，这促进了新的蔬菜等植物的引进，包括我们今天栽培的几种最有价值的植物。马铃薯、玉米和西红柿无疑是其中最为重要的物种。马铃薯是世界温带地区中唯一不是通过种子生长而来的主要作物。在花园中占据或大或小比例的其他植物取决于其地理环境，其中包括甜辣椒、藜麦和苋菜籽、南瓜和一系列南瓜属物种（图 25）、红薯和库马拉、木薯、花生、法国豆类、红花菜豆、利马豆和其他豆类、灯笼果和粘果酸浆，以及烟草和各类水果。

所有这些均起源于热带地区的山区，主要位于墨西哥中部和南美洲的安第斯山脊，但是，后续需对它们进行相应的处理。来自这些地区的植物在夏季条件下生长，这与前哥伦布时期欧洲花园植物品种所需适应的相对严峻的环境完全不同。欧洲园丁认为必须警惕过度沉迷于地中海植物，因为这些植物经培育后，存在使人发胖和懒惰的倾向，同时发现，它们位于亚热带地区的美国"表亲"同样依赖于良好的生长环境，没有良好的生长环境，便无法茁壮成长。

这些新来物种的种子满足了园丁所希望的部分品质，即高发芽比例、生长迅速、更茂盛状态的幼苗，但是，由于其起源因素，这些种子无法在低温条件下发芽。此时，必须暂时将"可在土壤开始变暖前进行早期播种的早期作物"的想法暂时搁置一旁，其中，"土壤开始变暖"是地中海物种已适应的过程。必须寻找到新方法种植蔬菜，即仅在预计其不会容忍不利条件（如园丁沉浸在其植物所适应的古老方法）时才茁壮成长。

毫不奇怪，来自新世界的纤匐枝和豆类、玉米、西红柿、胡椒、南瓜等引进品种均在南欧迅速栽培，它们在那里的炎热夏季中生长良好，特别是接受灌溉时，生长得尤为茂盛。然而，这些植物在无霜生长期较短的北方寒冷的夏季里苦苦挣扎，多年来，在欧洲大陆较冷地区的花园中数量很少或完全没有。除其他原因外，怀疑其可能有毒这一猜测占据很大权重。西红柿、马铃薯和辣椒、所有茄科植物都被认为与目前一些已知最臭名昭著的致命有毒的植物十分接近。虽然园丁们因好奇心而在 16 世纪末的巴黎和伦敦栽培西红柿，但在 18 世纪之前，即使大户人家的花园中也未广泛种植西红柿。即使属于与注定要成为数百万人主食的马铃薯一样有用且比较容易栽培的植物，西红柿仍被谨慎且缓慢地采用。

在 1788 年出版的《塞尔伯恩自然史》中，吉尔伯特·怀特（Gilbert White）评论说，在近二十年内，马铃薯凭借其优势，在小范围内盛行，并受到很少有机会品尝它们的当地穷人的欢迎。

来自地中海的莴苣、来自墨西哥中部的玉米和大量蔬菜、具有同样可行的发芽策略的谷物和其他农作物为园艺提供了一个方向，即如果遵守既定的规则，可以依赖选定的植物清单，实现高产优质。没有任何东西可替代小麦和大麦、玉米、大米或马铃薯生产同等作物，也无法替代大多数主要的蔬菜。

花园中的园艺可能具有另一面，即观赏性和环境比高产量更为重要。在这里，多样性、新颖性和灵活性比统一性和可预测性更为重要。产量与美丽之间的这种二分法可能与栽培本身一样古老。早期的农民最关注的因素包括是否最有潜力、是否生长最佳、是否属于生产单粒小麦和大麦最佳且多产的小块地，相比之下，早期的园丁更珍惜其小屋周围的野花，鼓励它们的存在，并为使其美丽而乐此不疲。

一些园丁喜欢遵守和实施规则，对农作物更感兴趣，而不是冒险进入陌生领域，并为农作物带来的回报感到高兴。另一些园丁更喜欢与其植物相互合作，而不是控制植物；他们试图拒绝选定的"栽培植物"清单，并喜欢自由挑选所发现的野生植物。然而，这种自由需付出一定代价。这些园丁有意栽培的许多植物似乎难以与花园中的其他植物共处。在能够有效使用这种自由之前，早期的园丁必须探索如何使其有意栽培的植物种子发芽，然后充分了解所种植的植物的特性，以便它们在花园中能够立足。我们只有渴望成为种子的主人或情人才可拒绝成为其仆人。园艺可以表现出一张温柔的脸孔，但它掩盖了其中的绝对控制欲 —— 天真的观光者相信小小的计划和较少投入便能获得这些光荣。

在四五岁的时候，我缠着父亲要一个属于自己的花园，并给花园留出一个小角落。我用零花钱买了几包包装袋上印有色彩鲜艳的图片的种子，并在得到指导如何翻土、耕地、拉出浅沟后，将种子带回家里，然后将种子播撒下去。我乖乖地根据指导向沟后方翻土，最后使用罐子在土地上洒水。我几个小时后回来查看我的"大作"，但是，我很失望地发现一株幼苗都没有。在接下来的几天，我每天早上上学之前都去寻找小植物从土壤中冒出的第一迹象。

成千上万的人以同样的方式开始园艺，被万寿菊、白烛葵、加利福尼亚罂粟、蝴蝶花和其他色泽鲜艳的一年生植物的照片所吸引，并在花卉如图片上一样绽放时，兴奋之情溢于言表。没有人会建议说诸如此类的普通一年生植物不适合栽培，也不会给那些想要控制它们的人带来任何挑战。这种一年生植物和蔬菜种子一样容易轻松发芽 —— 因为大部分来自世界上具有相同条件或类似气候的地方，且其发芽策略对园艺技能需求最低。

地中海盆地是大量蔬菜的发源地，也是许多历史悠久的一年生植物的发源地，比如万寿菊、矢车菊、燕草属植物、雾中美人花、金鱼草、一年生菊花、摩洛哥云兰属植物、紫罗兰、香芙蓉和白烛葵。但是，地中海盆地只是世界上具有相似气候的五个地区之一。在一年中适当的时间内观察那里的任何一种植物均让我们惊叹野花的美丽和丰富。

在一年中的三十天，位于开普敦以北四百公里的纳马夸兰斯普林博克是一个隐藏在鲜花中的美丽地方；而其余十一个月，它是一个尘土飞扬、热浪翻滚的铜矿城镇。在适当年份，当在适当时间内落下足够雨水时，南非，从好望角到纳米比亚边界的一整片区域成为一个充满奇妙的多彩花卉的花园（图26）：各种雏菊——非洲、翠鸟、利文斯通、纳马夸兰，勋章菊属、熊菊属与松叶菊属的一些品种，以及其他喜阳的多肉植物，还有大量鳞茎类植物。这种壮观景象似乎无视有时致力于破坏这些美好事物的气候。

加利福尼亚有大量野花，并且大约在1870年，约翰·缪尔（John Muir），也许是美国保护运动中最鼓舞人心的先驱，描述了圣约阿希姆谷的景观——现在完全变成了果园和农场。三月和四月有成群结队的蜜蜂，景象奇妙丰富，以至于从一端走向另一端，距离超过五百公里，你脚下的每一步都踩在花上。对于加利福尼亚一年生植物，园丁的了解程度通常不如长期居住在地中海的本地人，但它们的名字却令人回味：洁顶菊、粉蝶花、蓟植物、紫点幌菊、可爱高代花、吉利、加利福尼亚罂粟和水煮蛋花。适应地中海环境的一年生植物同样在西澳大利亚生长，其中包括天鹅河雏菊（图27）和许多小雏菊花。并且，在南美洲圣地亚哥周围具有类似气候的一块小区域中生长有喇叭舌草、旱金莲和蛾蝶花、蛾蝶花。

墨西哥的一个高地是另一个一年生植物的起源地，但是在这里生长的植物并没有来自地中海气候的植物那么耐寒。来自世界这一部分的植物包括大波斯菊、墨西哥向日葵、法国和非洲万寿菊以及百日菊属。

容易生长的每年开花的植物均来自相似地方这一事实是预料之中的。麦仙翁、珍珠菊和矢车菊的名字告诉我们，新石器时代，它们在从小亚细亚到欧洲的长途迁移中，寄生在农用玉米种子中。其他植物，如来自墨西哥的向日葵、藿香和大波斯菊，是与玉米一起被标记的植物，种植在花园的"尊贵位置"。

这些易于生长的一年生植物是有抱负的园丁的入门材料，但有野心的人很快就会着手于更具挑战性的事情。也许在一片树林下栽种蓝铃花的想法听起来很吸引人。邻居在她的花园里种植了一些蓝铃花，我们要来种子，种出几百株鳞茎；一场真正的蓝铃木舞蹈在我们的思绪里飘荡。蓝铃花种子在树林里能够自由生长，可为什么它们在花园里却难以种植呢？

种植蓝铃花时，如果我们把已经学会的东西都忘掉，去聆听蓝铃花的"述说"，便不难理解这一点。但是，如果我们存留蓝铃花种子，直到第二年春天准备播种莴苣和万寿菊的时候播种蓝铃花，在吃完莴苣并除去万寿菊的遗骸很长一段时间之后，才能看到风铃草幼苗——将非常幸运地看到一株。蓝铃花种子像早期的勿忘我和许多其他冬性一年生植物一样，成熟于仲夏，休眠至秋季，秋季开始发芽，因为秋季到了，冬季就不远了。虽然埋在地下，但它们会吸水，然后进行活跃的代谢活动，而在夏季其余的时间，准备幼苗生长，因为土壤在秋季会变冷。毫无疑问，保存在包裹中的干种子不会像埋在土壤中的种子一样反应。即使等到第二年春天播种，当地面很冷时，它们同样不会长出幼苗，因为它们还没有准备好。最好的情况是，有些夏季可能会遇到高温，等到第二年春天，即播种之后的一年，可能会长出一两棵幼苗；但是那时我们可能已经忘了它们，种植了其他的植物。先不论其他方面，至少我们已经学习过为什么许多植物的发芽策略使它们不可能像小麦或胡萝卜行一样耕种。

蓝铃花种子能否成功发芽取决于收集到种子后是否立即进行播种。然后，如果我们于初冬在堆肥中把种子刨出，会发现种子已经发芽 —— 少量白色根须，且可以预期等到早春将出现许多绿色的纤细的圆柱形幼苗。

这时应该移植这些幼苗并充分浇水，免得它们在夏天自然死亡。那时，它们将形成鳞茎，但尚不成熟，不能在第二年开花。但一年后，就可使用鳞茎培植我们想要的小蓝铃木了。适用于蓝铃花的方法对中东和南非的西开普省的许多球茎同样有效。

蓝铃花种子和其他球茎的种子不难发芽，只是不同于普通的蔬菜和一年生花。所以，或多或少，园丁们感兴趣的许多植物为多年生植物。有些种子发芽不像一年生植物或蔬菜那么讲究。有些在播种之后立即发芽。它们演变成在土壤中长时间准备发芽，然后当满足所需条件且时间正确时，萌发幼苗。

到目前为止，对这些顽固性种子的最好处理方法是在冰箱中放置一段时间，这最适于高山地区植物。在冬季寒冷地区生长的物种很可能产出在冬季开始之前根本不发芽或仅产生少量幼苗的种子。它们在冬季对低温做出反应，并随着春季温度上升而长出幼苗。促使它们生长的上升温度可能非常难得，特别是在下雪后且生长季节较短的情况下。例如，俄勒冈州喀斯喀特山脉的冰川百合花、流星和白头翁花，欧洲阿尔卑斯山的牛头花和番红花是春天的信使，穿过融雪长出来。看到它们，我们可以确定它们的幼苗也不远了。

根据根深蒂固的传统说法，霜是冷却过程的一个重要部分，实际上这种说法稍不准确。大多数物种的种子对冰点以上和刚刚冰点的温度反应最佳。相比于留在盆栽棚中，干燥的种子包装后放入冰箱能够存活更长时间，但是不能满足在它们发芽之前的冷冻需求。

种植樱草属、龙胆属、绿绒蒿属、石竹类属、耧斗菜属和金梅草属植物的园丁会发现两星期左右的霜冻天气通常足以让一些种子发芽，大多数会在一个月后发芽。灌木和乔木可能同样符合要求，但是对于大多数枸杞属、山梅花属、槭木属和桦木属，相比于几个星期，两个月或三个月有可能更为有效。

当温度下降时，夏天温暖的土壤温度为蓝铃花种子发芽做准备，冬天的寒冷土壤使樱草属随温度的上升而准备发芽。那些受欢迎的圣诞节和大斋节玫瑰花卉的种子同时需要温暖和寒冷的土壤。它们原本属于生长于亚得里亚海、东地中海和小亚细亚山坡的土生植物——这些地区都是冬冷夏热且干燥，也会定期下大雨。种子在仲夏之前掉落在地面，肯定是温暖的。此外，湿度条件可湿可干，具体取决于最近是否下雨，但是如果是湿的，则很可能在很久之前是干的，反之亦然。这些均不是幼苗生存的有利条件，铁筷子属植物通过胚胎部分发育的种子确保不直面此类不利条件。直到夏天后半段吸收了足够水分，使其组织再水化，胚胎才能完成发育。即使成熟了，铁筷子属植物也不会急于发芽（图28）。冬天就在前面，它们不会发芽，迎面承受冬天的恶劣环境，它们藏在种子里面，等最糟糕的天气过去后，对低温做出反应，然后发芽。在冬天，通常在圣诞节后，第一种铁筷子属植物的幼苗将会发芽，然后其他幼苗紧随其后，它们在春天真正来临之前，全部萌发出富有活力的幼苗。

需要大量幼苗铺满田野，使农民无法应对需在发芽之前进行特殊处理的种子。但是，尽管每公顷的植物数量较少，管理规模更大的林业工作者被迫面对这个问题。他们种植的植物大部分由种子繁殖而来。

为考虑有时相当复杂的情况，以及不可预测的各种调整需求，他们设计了简单、直接的程序。这些能满足他们种植的大多数种子的需要，林业工作者不必深入探究使种子发芽的确切条件。

收集树种之后，尽快将其与潮湿的沙子或沙砾混合并装入袋中，放入坑中，以此免受极端天气影响。已收集的种子在夏末和秋季暴露于相对温暖的条件下，然后当温度从秋季降至冬季的低温时，就到了低温阶段。随着春天温度回升，将种子已经开始发芽的袋中内容物在种床上薄薄地铺开，然后采用更多沙砾轻轻覆盖，保护幼苗冒出。树苗培养工种植乔木和灌木，但园丁可以将种子与潮湿的沙子或蛭石（一种惰性保湿性矿物）混合在聚乙烯袋中，然后将它们装入带有封盖的塑料盒中，置于阴凉的角落、花园棚或不受热的玻璃温室培育台中。假设春天之前什么也不会发生并非明智之见，许多多年生植物和一些灌木的幼苗几乎可以在任何时间发芽，所以塑料袋每月至少需要检查一次，检查新发芽幼苗的象牙白色胚根。

地中海地区的主要特点是气候的可预测性——迟早会出现火灾。长时间炎热、干燥的夏天使植被变得枯干，任由猛烈燃烧的大火扫过土地，留下一片荒凉。火灾过后看起来像一片灾区，但实际上是复兴的前奏，因为烈火毁灭的衰亡、干枯的植被被一层绿色植物所覆盖（图29）。新鲜嫩芽从灌木根部的木本块茎发出，或从软木树皮中发出。鳞茎开花，成千上万可能被抑制了几年的种子发芽，幼苗填满了烈火为其清理出来的空间。

园丁们得出结论，火苗的热量引发种子发芽。这些种子可能埋在土壤中多年，忽视了发芽的机会。惨痛的经验表明，这些种子播种于花园时可能同样不想发芽。所以，根据观察到的结果进行实践，园丁将种子播种在容器中，覆盖上松散的秸秆，然后点火，形成小型灌木丛火灾。这一策略完全发挥出了应有作用，并成了一种盆栽棚屋技巧，但加利福尼亚和南非好奇的园丁在20世纪50年代发现火的热量只是一部分原因。一些松树和树胶的松树球果、蒴果、蓇葖等木本果实，以及澳大利亚木本梨、山龙眼、小树丛和哈克木属植物，确实只有在烘烤后种子才会掉落。然而，种子本身不是对热量而是对烟中挥发性有机化学物质的复杂混合物做出反应而发芽。

此观察结果给"盆栽棚烟火制造术"泼了一盆冷水。加利福尼亚花园开始点火把，点燃灌木枝条，然后将烧焦残留物研磨成粉末，简言之，制作烧焦木料。他们喷洒烧焦木料，播种不同种类的灌木种子，获得了令人满意的结果，这归因于种子上挥发性化学物质的作用。

汉内斯·兰格（Hannes Lange）在南非科斯滕布什（Kirstenbosch）的国家植物研究所工作时，针对被称为凡波斯（fynbos）的典型类似健康植被的物种尝试了不同方法。他采用烟吹扫他播下种子的花盆，效果显著。最有趣的是一组称为雷斯蒂斯（restios）的苔状植物，以前特别难以处理，但在发芽反应方面却出乎意料的好。"烟吹"想法是由他的同事内维尔·布朗（Neville Brown）提出的，他计划并说服了园丁买烟，由浸渍吸水纸的小垫子予以吸收。同时，特里·哈奇（Terry Hatch）是一名追求实际的园丁，也是新西兰普基科希乔伊苗圃的所有者，他们使用自制烟熏器使经历过丛林大火的各种球茎植物种子发芽。

另一种可接受的理论是用火焰打开它们的种皮，以改善某些种子的发芽状况，包括羽扇豆、荆豆花和金雀花。然而，火并不是破坏种子硬壳的唯一手段。豆类种子的硬壳阻碍它们发出幼苗，这使园丁们感到沮丧，但是，后来他们想出了解决该问题的简单且直接的办法。他们用刀子切除硬壳的一小部分，打破密封，使水和氧气进入胚胎。因此，很明显，发芽策略可能涉及许多不同因素，这些因素通常以复杂的方式相互作用。

1974年，当罗杰·斯密斯（Roger Smith）和我从欧洲东南部的种子收集探险队回到威克赫斯特种子库时，我们带回了收集到的巢菜、四叶草、苜蓿和其他豌豆属植物。成功后的喜悦使我们没想到它们的种子发芽会有问题。在以合理方式切破种皮并适当播种后，它们在短期内生出健康的幼苗。但是，一两星期后，这些幼苗停止生长并变黄，然后死亡。后来我们找到了问题的答案。豌豆属植物的根不能自己吸收氮，需要与其根结节中的细菌结合，以从空气中吸收氮。

除了在有利的时间发芽外，我们忘记了幼苗需要更多呵护，避免其成为捕食动物的午餐。在通往繁茂未来的路上，许多幼苗还有障碍需要清除。它们必须找到细菌或真菌，与之形成互利联盟，这在植物学上称为共生联合。在自然条件下，我们幼苗的根将很快被土壤中的细菌侵入。这种侵入将在根内通过限制细菌侵入居住在结节中的细胞来控制，在结节内，这些细胞处理氮，供其使用，并释放一部分作为支付给宿主的"租金"。我们播种在无菌盆栽中的种子，无法找到它们所需要的细菌。它们死了，因为一旦种子中供应量不足的蛋白质用尽，它们没有更多赖以生存的空间。我们在播种下一批种子之前，通过将一些草甸土壤与盆栽混合来解决此问题。

以前勤奋学习园艺课程、现在坚持卫生概念的守旧园丁，并不讲究清洗他们的盆栽盆。一些人认为，向新盆栽添加较老的盆栽，实际上改善了播种或移植幼苗时的前景。在如今的文凭课程中，盆栽棚中的这种马虎行为基本无法取得学分，但是，当我们发现更多关于植物、真菌与细菌之间的互利联盟阵列时，这个想法开始变得更有意义了。按照"卫生女神"的要求所准备的园艺程序对共生联盟是不利的。严格注意清洁会阻碍幼苗与土壤微生物之间的相互作用。常规或不必要地使用杀菌剂，将破坏植物与真菌、细菌的共生关系。

豆科植物根部的结节非常明显，这早已为人所知。但植物与细菌之间的联盟远远超过与豌豆和蕨类联合的根瘤菌物种。较不熟悉的弗兰克属中的线状细菌可与多种植物相关，包括桤木、美洲茶与马桑。更为不熟悉的是苏铁与线状细菌例如蓝绿藻细菌之间的古老关系，不同于根瘤菌，它可固定空气中的氮。

植物与细菌或真菌之间的联盟曾被认为更可能是例外，而非惯例。现在我们知道，除少数植物外，几乎所有植物均与真菌形成共生联合，并且几乎所有植物均与某些种类的细菌建立了关系。我们现在知道，植物叶绿体，细胞中发生光合作用的部分，是从与蓝藻菌的共生联合发展而来。

存在许多种类的真菌，一种名为球囊菌门的特定菌群在根细胞内永久秘密地生活。真菌与宿主植物之间的互利联合称为内生菌根（字面意思为"根内真菌"）。在这里，真菌长成密集的线束，因其外观而被称为"灌木"或"小灌木丛"。在自然条件下，人们认为这些内生菌根存在于全世界至少80%的植物中。

园丁们很少意识到它们的存在，但确实经常可以在多年生植物中发现它们的踪影，其中，可通过它们栖息的根部所产生的爪状外观检测出它们的存在。在兰科植物中，内生菌根联合限于单真菌属、丝核菌属，内生菌根联合使发芽的种子进入最早发育阶段，并支持它们的早期生长，且随后变态成完全成熟的植物。

我们看到蘑菇、毒蝇伞、鸡油菌、松露、牛肝菌与其他伞菌。然而，我们没有看到真菌菌丝和构成真菌体的细丝。菌丝像树枝一样穿过土壤，遮盖根部并侵入植物细胞之间的空间，但实际上不占据细胞本身。专业上称为外生菌根真菌的伞菌，与许多乔木、灌木、草等紧密结合共生。

石楠菌根真菌曾经被认为仅限于石楠属及相关植物的根，包括澳大利亚的澳石楠属物种。关于苔类的发现表明，石楠菌根真菌在择友方面比人们以前想象得更加包容，甚至可能形成复杂的三方联盟，包括开花植物、真菌与苔类。

随着我们进一步了解植物、真菌与细菌之间形成的联盟，它们的重要性变得越来越明显，且植物根部的世界变得越来越复杂和迷人。长期以来，人们已经认识到，真菌与细菌在固定大气氮以及使土壤中溶解度较小的磷源变得可用等方面发挥着重要作用。现在，一个特别的故事正在展开，揭示土壤表面下联盟与冲突的微妙与多样性，涉及许多微观土壤生物。

根部常常易受致病细菌与真菌伤害，这可能打垮并毁灭它们。友好生物的存在不仅使它们免受这些攻击，而且保护它们免受可能积聚在土壤中的有毒物质的伤害。与外生菌根、真菌菌丝的联盟，显著增加了可使植物获得水与养分的土壤体积，极大地提高了植物与其邻居进行有效竞争的机会。

这在受保护的花园条件下价值较小，但在自然条件下，它代表了生存与快速消亡之间的差异。

兰科植物的种皮可容纳数十万颗种子，每颗种子由一个微细胚胎组成，该微细胚胎由封闭在丝状网内的一束未分化细胞组成，因此缺乏在呼吸空气时挥发的物质。兰科植物在匮乏状态下使种子飞向世界，它们非常缺乏资源，以至于除非有一种丝核菌属种类能够在身边维护它们，否则它们的未来没有一丝希望。

这并未阻止园丁找到从种子开始种植兰科植物的方法，一项有进取心的发现得到了应得的回报，它使人们了解到，兰科植物不仅不顾后代的未来，而且极其混杂。植物一般仅与近缘物种杂交，即使后来无菌屏障经常干预防止形成杂交体，或所产生的所有杂交体都是无菌的。另一方面，兰科植物与似乎无关的遗弃物种杂交，并且，在这些不同属的华丽花朵之间，甚至三个或四个不同属之间的杂交体也不罕见。

这种混杂于 20 世纪 60 年代在邱园引起了人们相当大的忧虑，当时，活本收藏区正在彻底重组，以清除可疑或杂交起源的植物。外来兰科植物杂交体在玻璃屋中大量繁殖，占据了已知野生来源植物所需的空间。多年来，许多寡妇向邱园捐赠了亡夫珍贵且通常很有价值的杂交蕾莉亚卡特兰、唇齿兰、蕙兰或时尚的石斛兰、堇花兰或兜兰的收藏品种。因此，对于邱园，它们来了，这些艳丽的外来品种，现在扮演着杜鹃花的角色，因为它们取代了兰科植物物种。

获得更新收藏品所需物种的一种方法是从它们自然生长的热带丛林或云雾森林中收集它们。以前，商业收藏家以及植物学家频繁这样做，且热情高涨，因为这是一个可行的方案。剥离树木，然后不加区分且毫不客气地包装兰科植物离开，期望获得财政收益或科学荣誉，但是现在，植物学家们不愿这样做。几年来，野生兰科植物的进口被《濒危野生动物植物物种国际贸易公约》（简称CITES）中所载的国际协定所禁止。

由于邱园的高级植物学家是最积极敦促政府支持该公约的人员，并且确实在起草其条款方面占据了主导地位，一般而言，最好不要追求从野外收集植物的机会。如果兰科植物生长的森林未被整批摧毁以获得木材，或者为了放牧或种植作物而清除土地，这将更有意义。然而，甚至被拯救的兰科植物也注定要死亡，因为树木被砍伐，带来了太多的过度贪婪，并受制于太多需贯彻的有歧义的条款。种子收集被认为是获得兰科植物的可行方法，并且，由于单个兰花植物在其一生中产生数百万或数千万个种子，这可能对野生植物的生存并无显著影响。

迄今为止，几乎没有人试图在邱园从种子开始培育兰科植物，除了在随意操作时将种子撒在其亲本正在生长的盆栽堆肥上。有时这种方法有效，但通常情况下，出现的幼苗是一种或两种有活力的物种，它们不受约束地在周围播种，被认为是杂草。

然而，1849 年，都柏林格拉斯奈文（Glasnevin）植物园的主管大卫·穆尔（David Moore）在《园丁纪事》上中发表了一篇文章，从那以后，兰花几乎都是以这种方式由种子开始成长。穆尔讲述，通过将种子播撒在堆肥表面（在已种满兰花的花盆中），或将种子播撒在之前种过兰花的花盆中，他已成功培育出了树兰、鹤顶兰、卡特来兰等物种的幼苗。最令人鼓舞的是，他还指出，在播种后三年内，树兰和鹤顶兰的幼苗一直开花。

兰花种植者迅速锁定这些可能发生的事情，在 19 世纪后半叶到 20 世纪，使用穆尔的方法培育出了许多杂交品种。兰花爱好者的收藏品都是外来品种，而种植者发明了他们自己的成果，并小心翼翼地守护着——有些实用，有些怪异，有些奇妙，有些甚至很有用。所有这些均以寻找到有效方法来培育兰花种子，以及以与其真菌之间的合作关系为基础。在 20 世纪初，当发现如何在已接种丝核菌属真菌的无菌营养培养基上的试管中培育兰花种子时，两位科学家——法国的诺埃尔·伯纳德（Noel Bernard）和德国的汉斯·波杰夫（Hans Burgeff）——让事情回归到更为科学的基础上。一般来说，相对于实验室，兰花种植者更喜欢玻璃温室环境，并以自己的方式满腔热情地培育杂交品种。但有一个特例。约瑟夫·张伯伦（Joseph Chamberlain），一位没有经过科学培训的苗圃主人，采纳了伯纳德的方法，在苗圃上（位于苏塞克斯郡海沃德希斯附近）成功培育出了成千上万的杂交齿舌兰幼苗。

几十年后，一个聪明而多才多艺的植物学家、在康奈尔大学工作的路易斯·克努森（Lewis Knudson）提出，他也许能够为兰花幼苗提供营养素，而无须使用真菌。最终，尽管许多科学家明确表示怀疑，他依然将兰花种子播种在含糖和各种矿物营养素的胶状物上，并成功地在玻璃长颈瓶中培育和种植了兰花幼苗。当这些兰花幼苗足够大时，路易斯·克努森将它们从长颈瓶中取出，放在兰花堆肥花盆中，最终成长为开花植物——就像那些享受自然共生体的好处的植物。

路易斯·克努森树立了典范，并且，不久以后，实验室取代了盆栽棚，成为兰花幼苗的生长地。但克努森有许多更为重要的发现。他已证明，在实验室的人工条件下栽培植物是可行的，并且，这引发了人们对通过类似方法繁殖各种植物越来越浓厚的兴趣。20世纪50年代，同样在康奈尔大学工作的生理学家弗雷德里克·斯图尔德（Frederick Steward）从胡萝卜的根部取出一个单一细胞，使它成长为一株正常的胡萝卜植株，并且开花。他解释了一种被称为"全息性"的现象，"全息性"这个词是指每个细胞的细胞核都包含着培育出一株完整植物所需的全部信息。

"全息性"使得园丁能够将插条培育成植物。因此，由根部切片制成的插条能够生长出嫩芽和花朵，而小枝（独立插条）则生长为根。虽然在正常情况下，根部细胞仅能构成适于根部的器官和组织，芽细胞发育成为芽器官和组织，但是，如果需要，所有细胞都能形成各种器官。今天，全息性的概念已经得以扩展和完善，在园艺中心购买的大部分的灌木、球茎和玫瑰都是从商业实验室的细胞培养物繁殖而来的。这些植物的生长条件同 20 世纪 20 年代种植兰花幼苗时的条件非常类似。

当决定使用种子栽培兰花以替代杂交品种时（现在已不流行），邱园的员工都没有实验室方法方面的经验，因此，20 世纪 60 年代末，新成立的生理部和花园部热带科的工作人员创立了一个联合项目。

最初的工作是在乔德雷尔（Jodrell）实验室内完成，在那里，我最庆幸的是乌达义·普拉丹（Udai Pradhan）的加入，他是印度北部噶伦堡附近一个著名兰花苗圃的主人。乌达义对兰花表现出浓厚兴趣，对种植兰花做出了杰出贡献。我们首先需要了解是否可以使用标准营养液（例如路易斯·克努森开发的营养液）来种植各类兰花，或者不同品种是否有不同需求。根据我以前使用矿物营养液的经验（当时我在布里斯托尔附近的朗·阿什顿研究站工作），再结合乌达义对项目的热情，很快，我们开发出一个新系列，称为"乔德雷尔兰花培养液"。这些营养液具有独特的优势，我们可以分别改变各营养素的浓度，以研究不同物种的需求。

20 世纪 70 年代初，来自花园部的迪肯·布林（Dickon Bow-ling）加入了我们。在接下来的三四年中，我们种植了超过 130 种热带附生兰花，其中，大多数都不是从种子开始生长。最终结果证明，这是一种能够栽培出所需兰花的实用且有效的方法。不久之后，在英国皇家植物园成立了一家植物繁殖机构，以比传统方法更创新的技术方法，栽培出用于收藏的植物。

几十年后，我参与的项目结束很久之后，在访问马达加斯加期间，我遇到了这样一件事情——这种做法的后果之一。结束对安达西贝附近的安那拉马佐特拉（Analamazoatra）保护区的参观后，在返回塔那那利佛（马达加斯加的首都）时，我们看到一个妇女站在路旁，旁边有 6 节树蕨茎，而且每节上面都有 1 棵兰花植物。我们的司机下车并带回 4 朵大兰花，为此，他支付给那个女人一点钱。

出售兰花是村民赚钱的一种方式。不出所料，环保人士对此表示遗憾，他们认为兰花是从森林中的树上采摘的，应该将它们留在自然生长的地方。有些人可能是为了合法目的而砍伐树木，如烧炭，但许多人并非如此。随着森林被破坏，马达加斯加美丽的兰花已在范围和数量方面急剧减少，同样不足为奇的是，这是一片敏感区。

确实是一片敏感区，但不仅仅是保护问题。兰花是马达加斯加人民生活的自然资源之一。有很多妇女，像我们刚刚见过的那个妇女，并不会大量贩卖兰花，相比于销毁森林所造成的损失，她们的销售量微不足道。然而，她们通过贩卖兰花所赚到的钱几乎是唯一的收入来源。

为保护一部分马达加斯加兰花物种（总共约有一千种），英国皇家植物园参与了一些项目，包括在实验室条件下种植兰花，以引入到马达加斯加。然而，英国皇家植物园的项目并不会帮助妇女们在路边卖兰花。

有些环保项目可以减少当地人对野生兰花的破坏，但这将缩减这些妇女本来就已经很微薄的收入。对那些只关心兰花的人来说，这是成功的。更为棘手的问题是，寻找方法来补偿当地村民因被禁止进入保护区或被剥夺他们以前所依赖的动植物生命支持资源而遭受的损失。

实验室设施和设备的成本远超贫困村民最奢侈的希望。但是，值得高兴的是，当大卫·穆尔将种子洒落在堆肥（饱含对兰花有利的真菌）上之后，大量兰花出现了，这证明了还存在另一种可行方法。我非常希望看到这些方法的复兴，如此，马达加斯加和热带地区许多其他国家的村民便可了解如何将兰花种植转变为家庭工业。这用很少的资源便可实现，几乎不需资本。这个项目至少能够帮助他们与环保主义者合作（而不是反对），使他们从中受益，而不是成为一个出自善意但最终会违背贫穷的社会成员的利益的保护项目。

关于植物保护目标还要提到的应该是艾蒂安·拉克托玛利亚（Etienne Rakotomaria）。在国际自然保护联盟于1970年组织的一次会议上（在塔那那利佛举行），他说："这个房间里的人都知道，马达加斯加的自然环境是世界遗产。但我们不能确定，其他人是否也意识到这是我们的遗产。"

第七章

丰富的追求

路上没有车辆，但人们和动物还是伸出头来向远处张望。来自周边山区的阿尔巴尼亚、马其顿和保加利亚的村民正准备从德巴尔小镇（现称马其顿）的市场回家。在我们的前方，五头毛茸茸的黑色水牛乖乖地跟在一个小女孩后面缓慢地向前走动，小女孩的头顶不及水牛一半的高度。一个男人手里拿着一个长竹条，将一头杂色大母猪赶至一个新猪棚，使偏离路线的仔猪重新回到路上。马拉的木推车装载着食品袋，一群农民倚靠在食品袋上休憩，在度过漫长的炎热白天后，享受着夜晚的凉爽。路上，穿过尘雾，男人们骑着小马，马鞍上挂着喇叭状的袋子，袋子里装满了黄椒，而女人们则在丈夫们旁边，带着一群小孩，步履蹒跚地走着。

　　田地里，收割机将一天中最后一捆堆垛堆放在笨重的农用拖车上。黄牛笨拙地在坑坑洼洼的地面上拖动着拖车，将它们拖至道路上。少数田地里仍有男人在割草，女人们在一旁陪伴着，并将长

长的秸秆收拢在手中，熟练地将它们绑成捆。一辆农车停在一个村
庄的郊野，那里圆形石台围绕着半成熟的草垛。稍后，草垛将被清
除，秸秆以及仍在长穗的谷物铺满整个石台。为清理出谷物，驴子
或黄牛后面拖着笨重的木板，一圈又一圈地走着，之后男人们采用
连枷完成谷物加工。

捆扎好秸秆之后，农民将谷物连同谷壳一起抛入空中，采用
这种方式回收谷物。当将谷物和谷壳一起抛入空中时，风将浮渣带
走，而成熟的谷粒回落至打谷场。

我的日历提醒我这是 1970 年 8 月 1 日，但我的眼睛告诉我，
这似乎是一千多年前。坐落于阿尔巴尼亚山脉的马其顿一角，自很
久以前开始，赶集日和收割期的各种娴熟动作一直以相同的方式进
行着（图 30）。人们用体力和畜力耕种土壤，收集由农用种子生长
而来的农作物。这就是种子的常见出处。简单、直接，且不花费任
何成本。当然，邻居会不时交换种子。偶尔，可在当地集市中买
到替代品，多年来，每个地方、每个村庄、每个农场都有其特定
的谷物等农作物品系。它们可能被无意选中，但恰好却为人们所
需，完美匹配当地的气候特性，以及文化和品位各不相同的人群的
需要。

农民以各种方式使用其农作物。一般来说，小麦、大麦、黑
麦或燕麦生长在不同的田地里，但农民知道过于依赖于它们的危
险。他们通常混合三种或四种不同的谷物，有时在它们之间夹
杂播种着豌豆、扁豆、荞麦，以获得大丰收。小麦和大麦的高
度可及男人们的腰部，黑麦田中的收割机几乎隐藏在竖立的秸秆
之中。

　　人们学会了如何在丰年和灾年中生活。他们已体验过丰收年份和歉收年份，以及不时的糟糕年份，在这些年份中，干旱、害虫或疾病摧残着庄稼，人们处于饥荒状态。然而，也有能够旺盛生长的植物，低产品种的大麦或黑麦能够在干旱年份存活，但种植这些品种会使农民们收获颇少。原始野生小麦或燕麦的纤细品种可避免昆虫侵扰或其粗壮品种上的霉菌感染。地方品种杂乱无章，涵盖着无限多样的基因组合。在有利条件下，这些品种的良好杂交株系的产量比纯种株系要少，但在不利条件下，例如，降雨减少、臭虫侵扰或真菌繁茂时，它们之中的某些株系对这种条件具有耐受性，或许能够生产少量作物。

　　在世界上的某些地方，人们的生活取决于灾年的收获，这比有利条件下纯种株系的增产更为重要。古老的地方品种的适应力提供了一种抵御不利条件的自然保险。这是被迫接受现实情况和条件的农民所需的，因为他们没有能力改变这些事情。

　　五天后，我们到达希腊，但双眼所见的农业却向前迈进了两千多年。小麦田和大麦田井然有序地跨过色萨利亚平原，从海边一直延伸到山脉底部。每块密集播种的田地里生长着均匀的健壮植物，植物顶部的粗壮谷穗令人印象深刻。

　　这两个场景可能是一位博物馆馆长静心安排的实景模拟，可以阐述本书前两章中所描述的事件的影响。马其顿的农民仍然沿用古老的方式，根据世代相传的传统种植农作物——这种情况与植物被培育之初的条件没有任何区别。在希腊，通过大规模引进改良的小麦和大麦株系，在不到二十年的时间，地方品种和农作物多样性的古老遗产已被扫除。在本章中，我们将介绍世界各地将耕种从杂乱无组织且多样化的农作物种植向高度协调的农业企业转变的人群、地点和事件，可以发现，这些农业企业都选择各主要农作物的一系列高产株系作为基础。

位于德巴尔附近村庄的农民并不在意基因多样性（一个现代词语），因为这对他们来说毫无意义。在学会了如何种植大麦、小麦、水稻、玉米等农作物后，他们无须再向抚育他们的大自然索取什么。在发现如何种植农作物的过程中，要不是因为自然作物丰足，我们的祖先也会一直以极其简单的生存方式生活着。

到 19 世纪中叶，人们了解到种子可以改良农作物，加上对我们生存所依赖的长久基础有了更加敏锐的认识，诱使我们在追求富足生活的情况下，放弃曾经尝试和试验的方法。

格雷戈尔·约翰·孟德尔可能没有意向接手他父亲位于摩拉维亚的自耕农地，但他仍然待在位于马其顿的家中。目前，田地外观和收割活动可能仍与他 19 世纪中叶所看到的景象一样。但是，孟德尔很难想象，如今，在希腊的均匀田地里，虽然植物高度不及其膝盖，但生产了大量饱满的谷物。如果他了解到它们与他的豌豆实验之间的联系时，必定会十分惊讶，其中，这些豌豆实验是他在布尔诺的圣托马斯修道院进行的。

到 20 世纪初，在查尔斯·达尔文的《物种起源》和孟德尔的豌豆实验细节发表四十年后，人们对自然科学的态度发生了巨大变化。神学和哲学不再是解释植物和动物行为的基础，这一定程度上是因为大学的终身职位不再为牧师独有。

这或多或少得益于数百名业余自然学家、牧师、乡绅等人的活动，这些人的贡献巩固了我们对自然历史、地质学和考古学的认识，且一定程度上得益于私人支持、资助及参与，有关这些主题的研究已广为人知。

例如，在英国，约翰·本内特·劳斯（John Bennet Lawes）于1843年在位于伦敦以北四十公里的哈普敦的罗萨马斯德庄园中建立了一个农业研究中心。1876年，托马斯·乔德雷尔·菲利普斯（Thomas Jodrell Phillips）（皇家植物邱园主任，约瑟夫·胡克的朋友）提供资金建造并装备了一间小型实验室，致力于对该处的植物进行实验研究。大约三十年后，东南农业大学（South Eastern Agricultural College）在肯特郡一个叫怀（Wye）的地方揭幕成立，位于一所建于1447年的古老教育机构的旧址上。19世纪90年代，罗伯特·内维尔·哥伦威尔（Robert Neville Grenville）在其位于格拉斯顿堡附近的家中开始对苹果汁进行实验，随后，他于1903年建议在布里斯托尔附近建立国家水果研究所，地点位于一个旧的推车棚和鸡舍中。后来，该研究所发展成为朗·阿什顿研究站。

几年后，伦敦商人约翰·英尼斯（John Innes）的遗产资助了位于伦敦南部默顿的研究所并以英尼斯的名字命名。1913年，肯特郡的苗圃主和果园主人建立了东方梅林（East Mailing）研究站，以支持当地水果栽培产业。

后来，当政府接管所有这些机构之后，它们都由纳税人提供资金，但是，在早期仍由私人资助，少数情况下，由邻近县议会适当捐赠。之后，英国等欧洲国家和美国都建立了类似的研究机构。植物研究不再是大学教师的学术追求，而是快速发展的农业和园艺科学的一部分，其中，研究已成为一种工具，旨在找到实际问题的解决方案。

19世纪末之前，地方品种已在世界上较发达地区消失。人工肥料正逐渐被人们接受。许多病虫害可以采用化学喷雾进行控制。人们设计了复杂的农作物轮作系统，用于保持甚至提高田地的生产力。植物育种学家生产的谷物、蔬菜的纯种株系可生产出比几十年前质量更好的农作物。植物种植户不再看天吃饭，因为他们发现，他们已获得了改变、改善境况和解决问题的力量。这些力量带来了更大的期望，他们的期望是通过所种植的农作物，拥有产量更高、品质更优的产品。

出于某些原因，传统的地方品种被标榜为"小农经济"，这在现代世界中已没有生存余地。在英格兰南部，小麦产量从每公顷半吨增加至两吨耗费了一千年。但是，在随后四十年中，引进改良的纯种株系，应用更科学的培养方法，小麦产量预计从每公顷两吨提升至六吨。在极端条件下也可以产生勉强足量的地方品种，在科学可消除极端条件的时代，失去了吸引力。显然，更有利的是种植带有高产量基因的统一纯种株系。

那么，若它们在不利条件下降低可靠性，将会怎样？在不利条件下，我们要做的是要补救，而不是忍耐。然而，通过将地方品种转变为纯种株系，农民和园丁们已脱离地方品种的有利自然特性给他们提供的可靠性。未来现在掌握在他们的手中。随着19世纪的结束和20世纪的开始，通过应用整合了先前植物育种学家实践经验的科学原则，可以更加确定其生产的可靠性。

1899年，人们重新注意到孟德尔。在他的豌豆实验发表受到冷遇之后三十三年，在他逝世十五年后，理应不再去打扰他，让他的成果成为被遗弃的科学观念的无记录文献的一部分。但造化弄人，十年之内，孟德尔被推崇为该科学领域（遗传学）的殿堂级创始者。这不是因为他的发现可更长久地启示后人，也不是因为他阐明了其他人试图理解的神秘遗传定律的未来方向，甚至也不是因为孟德尔所揭示的真理的内在价值，虽然这都很重要，但都不是最重要的。在他的成果得到四名学者承认之后，孟德尔获得了他迟来的名气。

阿姆斯特丹植物研究所主任胡戈·德弗里斯（Hugo de Vries）对玉米等十多种植物进行了实验，这些实验结果与孟德尔获得的结果非常相似。但是，在开始实验之前，德弗里斯已经知道孟德尔的成果了吗？

当他于1899年发表他的成果时，他是否屈从于诱惑而未公布其知识来源，以期望获得自己的荣誉？或者是，当他自己的工作（他自己对水果的灵感）几乎完成时，德弗里斯偶然发现了孟德尔的文章，但出于私心，认为自己有资格获得荣誉？无论如何，后来他被迫在公布成果的出版物的附言中，承认孟德尔的研究先于他的研究。

卡尔·科伦斯是图宾根大学的植物学讲师，他以前是拿戈里（Karl von Nageli）的学生，而拿戈里是慕尼黑大学的植物学教授，并与孟德尔有多年来往。

科伦斯对玉米和豌豆的实验证实了孟德尔的发现，但明显也有一些例外。1899年，当时他正在准备一份关于此议题的文件，他发现他已输给了德弗里斯。他迅速发表论文，以使人们注意到他和德弗里斯得益于孟德尔的研究成果。他的行为是为了剥夺德弗里斯的胜利名誉，宁愿拿到银牌，而不愿看到他的对手获得金牌吗？

第三个人是切尔马克（Erich von Tschermak），他最初是根特的一名研究生，后来成为维也纳大学的一名研究生；再后来，他成为一名知名植物育种学家。切尔马克也于1899年出版了其关于豌豆的实验研究结果，并适当参考了孟德尔1867年的出版物，尽管他的文本中没有提到他已了解孟德尔结论的意义。但和其他人一样，他补充了一段后记，声明自己是孟德尔的发现者之一。

人们不知道的是，当他意识到这样做可以获得很多东西时，切尔马克试图见风使舵，希望能够通过声明，成为科学名人名单中的一员——"我也得出过那样的结论"。

威廉·贝特森（William Beteson）是第四个人，一名剑桥圣约翰学院的研究员。他在1899年没有发表任何关于孟德尔的文章，但是，该年他在皇家园艺学会的第一届国际杂交和植物育种会议上遇上了胡戈·德弗里斯，这警醒他现在正在发生着什么。在接下来的几年里，贝特森以孟德尔的遗产为基础，建立了遗传学学科。他似乎是一个行为方面受"不能让竞争对手拥有任何可以胜过自己的机会"的想法支配的人。他的动机可能是无私地承认世界亏欠了孟德尔；同时，他所期望的自我扩张（即作为新学科领域）也可能起到了一定作用。也许，令人欣慰的一点是，胡戈·德弗里斯等不被贝特森认可的人的声誉有所降低。

此类猜测的答案形成一个复杂冗长的故事，故事太长、太复杂且可能有不同的解释。无论动机如何，结果都是，孟德尔已被推崇至他从未期望过的高度——成为该学科的创始者，该学科涉及特性遗传方式，并成为20世纪整个植物育种学科的基础。

19 世纪植物学家的探寻、不受传统束缚的思想，揭示了种子所蕴含的各种可能性，揭示了培育高产品种的机会。20 世纪的科学研究将基于这个平台，将机会转化为超越最初发现它的人的梦想的现实。

但是，科学并未垄断所有产业。在我们关心具备国家和国际规模的高科技大型企业之前，需记住一点，社会仍给懵懂无知的外行人员留有生存空间。乔治·罗素（George Russell）（他在位于约克市的农圃完成了所有工作）的故事是一个鼓舞人心的提醒，即，敢于跟随自己的思想的人可以培育使园丁精神在世界各地焕发光芒的花卉。

羽扇豆生长在不列颠哥伦比亚省、华盛顿州和俄勒冈州的溪流边缘的潮湿草地上（图 31）。它们的花朵呈粉红色或紫色，20 世纪初，大多数园丁认为其具有吸引力，但并不会给人带来灵感。然而，乔治·罗素的痴迷使他成了异端，将这些花卉种满了农圃。

乔治·罗素是一个沉默寡言的人。他平时很少说话，但他开始思考，他是否可以给他的紫色或粉红色羽扇豆花朵添加更多颜色。沿着俄勒冈和华盛顿海岸干燥的自由排水的沙丘上自然生长的黄色羽扇豆是怎样的？1911 年，罗素在他的农圃里种了一些幼苗。大黄蜂承担着其他工作。它们穿梭于花丛之中，将紫色花朵的花粉传到黄色花朵，把黄色花朵的花粉传到粉红色花朵。罗素收集种子并播种。当幼苗长大时，有些花朵带有紫色和粉红色，有些带有紫色和黄色。他拔掉那些他不喜欢的花朵，同时，大黄蜂继续将花粉从一朵花传到另一朵花上。罗素并不熟知植物育种知识，他仅仅保留最好的花朵，同时摒弃其余花朵。

一年又一年，大黄蜂辛勤地工作，加上罗素不断地挑选，直到其农圃充满了紫色、粉红色、黄色、棕褐色、杏色、奶油色和白色羽扇豆花朵，其中一些花朵具有同一花色，一些花朵有两种花色，如花斑眼镜蛇一般，完全不同于以前所看到的任何花朵（图32）。

他固执地拒绝向任何人出售植物，即使是种子。他一直遵守着自己的原则。按照惯例，以及大门公告板上张贴的严格规定，农圃是用于种植供家庭消费的水果和蔬菜的地方。

在乔治·罗素80岁时，他绝美的彩色羽扇豆吸引了吉米·贝克（Jimmy Baker）的注意，吉米·贝克是位于伍尔弗汉普顿（Wolverhampton）附近的贝克苗圃的所有者，一位有着敏锐商业头脑和冒险精神的苗圃主，他正是乔治所需要的合作伙伴。贝克很快找到了一种方式用于应对销售农圃产品的禁令，即他把乔治的羽扇豆转移到他自己的苗圃中，然后跟罗素达成协议，罗素没有拒绝出售这些花卉。

1937年6月，在皇家园艺学会举办的月度展览会上，贝克的展位展示了羽扇豆。然而，对于园艺世界中的许多人来说，这一年的亮点是乔治·罗素的羽扇豆首次亮相。

乔治·罗素很乐意种植羽扇豆，拔除那些他不喜欢的，而不是让自然淘汰它们，这种做法有着显著效果。类似于小麦和大麦等古老地方品种，遗传多样性是他所种植的羽扇豆的一个特点。富有经验的现代植物育种学家不会像他一样工作。他们旨在生产将遗传多样性降至最低的纯种株系——理想情况下，每株植物应该具有相同的、精心选择的基因组合，以产生满足种植者确切需要的农作物。遗传一致性成为主要追求。遗传多样性，除单独和有意地保存外，正逐渐丢失。

到 19 世纪末，俄罗斯和美国建立了国营植物育种计划，在国内外广泛地收集种子。这使他们能够收集庄稼、蔬菜、水果的种子，可供植物育种学家使用，以尝试生产全新的更好品种。

其中的先驱者之一是 20 世纪初圣彼得堡应用植物学局局长罗伯特·雷杰（Robert Regel）。他当时负责在俄罗斯收集农作物，通常是与在美国农业部工作的收集者合作。在与他合作的收集者中，其中一名是受雇于该部门的植物育种学家马克·卡尔顿（Mark Carleton）。他在 19 世纪 90 年代访问了俄罗斯，当时，他的目标是寻找能够在大平原半干旱地区生产令人满意的农作物的小麦品种。他的搜寻极其成功，几件收集品都符合预期。卡尔顿回国几年后，美国爆发了严重的黑茎锈病，摧毁了美国大部分地区的小麦作物。但是，出人意料的是，一些俄罗斯收集品几乎没有受这种疾病的影响。这是一个巨大的激励，因为当时黑茎锈病几乎不可控，这一反复出现的流行病已成为一个主要问题。现在，卡尔顿生产了新品种，不仅耐旱，而且防锈病。但仍存在一个障碍，即，由于理想的小麦属于硬质小麦品种，有利于生产面食，但不适合制作面包小麦，需要进行进一步杂交和试验，以引入耐受性和抗性，与制作良好面团所需的高蛋白水平相结合。一旦实现，西北各州小麦生长带提供的经济优势资源将快速发展。

1917 年雷杰通过尼古拉·伊凡诺维奇·瓦维洛夫（Nikolai Iva-novich Vavilov）而获得了成功，后者是植物遗传资源守护神的第一人选。俄罗斯耕作的几代人中有富农也有贫农，这种现象在革命后继续存在。富农主要依赖从他们自己田地所收集的种子，以及他们的祖先之前收集的种子。在富农中，自耕农拥有小麦、黑麦、大麦、燕麦、荞麦、向日葵等农作物，这些作物历经多年被挑选出来，并与它们生长的地方相适应。

瓦维洛夫基于雷杰准备的基础建立了植物学领域综合性最强的机构之一。雷杰认识到地方品种所具有的遗传多样性是培育满足苏联境内各种条件所需的谷物等作物新品种的关键因素。

为做到这一点，瓦维洛夫开始进行一系列考察，收集栽培小麦、大麦、玉米、马铃薯、豆类、饲料作物、水果和蔬菜，以及杂交种子等尽可能多的不同品种。但他的事业远远不仅限于收集，还对生长于不同地方的各种植物进行实验，以评估其优点和缺点；储存种子样品，以确保它们可供未来使用；建立一系列植物育种计划，以将材料投入实际使用。

他的考察覆盖整个苏联，其中包括最近并入的中亚国家。这份工作可满足大多数男人的野心，但却不能满足瓦维洛夫和其同事的野心，他们之后开始前往世界各地进行考察。最终，他们在六十多个不同国家收集了各种种子。20世纪20年代，他在纽约设立了办事处，通过此办事处，招募俄罗斯移民，将收集品运回苏联。

1917年的布尔什维克革命改变了俄罗斯，但是，这并未立即对瓦维洛夫的活动产生影响。在迟疑不决地开始之后，由于强加战时共产主义教条受到限制，列宁在1921年提出了新经济政策，鼓励私人交易和外国投资。其中，农业尤其受益于这种支持，几年的小麦出口提供了大量外汇收入。列宁逝世后，在经历1926年的大丰收之后，富农的繁荣吸引了强硬派的注意。他们采用五年计划取代他们所憎恶的新经济政策，把富农置于改革的尖端。各类私营企业都被处罚缴纳高额税款，该计划将国有农场或集体农场的农民聚集在一起，为整个苏联的农业土地国有化开辟了道路。

1930年，约瑟夫·斯大林（Joseph Stalin）宣布富农是投机倒把者和破坏者，他们把自己的利益置于国家需求之前。他宣称，他们的存在与社会主义社会不相容。在此次突袭中，数千万家庭的土地被剥夺，并被征用作为国营农场（图33）。许多人被驱逐出境，很少有人再回去。

从小农经济大规模过渡到复杂的国有集体经济，这致使一个仓促重组的农业部的组织能力和技能超出了其能力范围。

之后两年内，田地无人照料，一片荒芜。整个苏联，即使是乌克兰最肥沃、最繁荣的地区，以及位于黑海地区的库班，仍有很多人处于饥饿中。富农的小屋和谷仓燃起大火，小屋和谷仓中储存着谷物；之后，依靠免于破坏的谷物维持生存。在其间的几个灾难性年份，荞麦、黑麦、燕麦、大麦、向日葵和小麦的地方品种（该国农业的主要驱动力）被肆意摧毁。

种子首先由雷杰收集，然后，由尼古拉·瓦维洛夫和他们在应用植物学局（其后改名为植物产业研究所）工作的同事们记录，之后小心翼翼地保存，使其免遭破坏。他们还表明，收集种子的价值在于保留随时可用的储备，以代替因各种灾害而损失的植物资源，换句话说，作为一种保护手段。然而，当时人们并未带着这一想法来收集种子。当时很少有人会这么想，而且在20世纪30年代的事件发生之前，没有人会预料到苏联农业遗传基础的脆弱性。然而，人们确实会将种子收集起来，以支持植物育种计划，该计划旨在生产出更具生产力的新品种。

对于一个横跨广阔区域、农作物种植环境丰富多样的国家来说，人们迫切需要这些收集品。这些收集品以及为利用它们而建成的实验站网络原本可能进入全盛时期，但是，那些坚持在优良、高产、抗病作物的育种中应用遗传学的人，比如瓦维洛夫和他的同事们，受到了批判，而有些人为了自身利益，背叛了科学的遗传学立场。

其中一位便是特罗菲姆·李森科（Trofim Lysenko），瓦维洛夫以前的一名学生，他具有人们更加能够接受的无特权、非精英的背景。李森科也许是偶然发现，通过反驳孟德尔遗传学可以使自己受到斯大林的欢迎。他宣称，人们完全没有必要关注育种和遗传学，因为只要简单地将发芽的种子暴露在霜冻之下，便可生长出能够在寒冷气候下茁壮生长且易于收割的小麦品种。更有价值的是，这些植物繁殖出来的后代也将具有耐寒特性。

这是一个严寒气候国家的领导人想听到的消息，这个国家太冷，因此，大部分地区都无法种植小麦。斯大林亲自热情地支持他，而李森科也迅速晋升成为他先前导师的竞争对手。随着这位冉冉升起的明星不断地利用他的地位发表声明，坏事接踵而至。他可以使春季播种的小麦像秋季播种的小麦一样多产；他可以生产出能够在贫瘠的土地或干旱地区生长的小麦品种；他可以赋予小麦抗虫性和抗病性。

久而久之，他的"能力"最终扩展到了其他农作物，甚至奶牛的管理上。

在整个20世纪30年代，瓦维洛夫受到越来越多敌对的批评。他主导的方案受到质疑，因为他浪费时间四处收集植物，而这一活动明显是无用功，事实上，等同于破坏。苏联政府支持李森科的机会主义理论，瓦维洛夫遭到骚扰，并被逼到死角，1939 年，他不得不宣布："我们会将它们烧光，但我们不会放弃我们的信念。告诉你们吧，坦率地说，我相信并仍然坚信我的想法是正确的……这是一个事实，而逃避这个事实的原因仅仅是因为一些高层人员觉得这是不可能的。"

1940 年 8 月，瓦维洛夫在准备远征喀尔巴阡山脉采集植物之前被捕，他的几个同事也遭到围捕和监禁。瓦维洛夫被指控破坏农业生产，代表英国政府从事间谍活动，以及密谋推翻共产主义社会秩序。

他被判处死刑，后来改判为终身监禁。然而这只是短暂地延长了他的生命。1943 年 1 月，由于长期无人照料，他最终饿死在俄罗斯南部的萨拉托夫市。更为不幸的是，瓦维洛夫的尸体成为在公共监狱坟墓中的数百具无名尸体之一。

在瓦维洛夫被捕和他去世期间，德国军队入侵了苏联。入侵者打到了列宁格勒。在紧接着的围城期间，数十万人死于饥饿，其中包括在植物产业研究所工作的科学家和技术人员。这里和苏联其他地方保存的一些种子收集品已经转移到相对安全的乌拉尔山脉以东，但大部分仍然在地窖里。当德国人最终撤退时，一份关于托付给研究所保存的水稻、玉米、小麦等种子收集品的库存清单告知我们它们全都完好无损——这给了因被包围而遭受饥饿的人们非凡的成就感。

绝望时期给了李森科所推崇的不完整理论及其伪科学繁荣的机会。尽管对科学原理掌握不足，甚至认为将科学方法应用于实验或统计分析结果中毫无价值，但是，李森科还是逐步得到晋升。1950年出版的《苏联百科全书》中的一个条目简洁明了地指出："基因是生命结构的虚构部分，在诸如孟德尔主义、维斯曼主义、摩尔根主义等反动主义理论中，基因决定着遗传性。在李森科院士的领导下，苏联科学家证明了自然界中不存在基因。"

这些异端思想在20世纪30年代获得了支持，并在20世纪40年代保持主导地位。当李森科的荒谬结论再一次受到批评和公正评论时，他们的支持率直到1953年斯大林去世后才开始下降。

改变需要时间，但社会氛围正在改变。在1968年全俄植物产业研究所成立七十五周年纪念大会上，恢复了瓦维洛夫的名誉。

李森科的胜利是一个悲伤的故事。实验以不可能产生有意义结果的方式进行。那些宣称相信他们的实验会产生任何结果的人，将实验解释为权宜之计和痴心妄想。在此过程中，李森科主义者将种子的身份从植物表达其基因的方式降级为新植物起始点的一个偶然角色。人们通过卡梅隆、克尔罗伊特和施普伦格尔的发现，加特纳、奈特和孟德尔的实验，以及20世纪早期遗传学原理的发现，对于种子的认识和了解统统遭到搁置，确定为不相关的知识。

吞噬苏联种子收集和植物育种的政治戏剧、科学动荡和人性冲突分散了人们对于世界其他地方发生的事情的注意力。这包括美国农业部在1898年启动的一项具有与瓦维洛夫同样雄心的收集计划。自从罗伯特·雷格与美国植物收藏家交换种子和信息起，国际合作便是这些活动的一个特点。瓦维洛夫维持并扩大了这种联系，直到当权者突然反对他们。我们将在下一章中看到，当尼基塔·赫鲁晓夫恢复了瓦维洛夫的声誉之后，这些计划得到了复兴，成为铁幕政治鸿沟之间开展科学合作的罕见示例。

美国农业部的植物引进计划是美国和世界上历史最悠久且持续活跃的农业计划之一。它的一百一十周年纪念日也是美国小谷物收集站（负责保存小麦、大麦、黑麦、燕麦等谷物收集品）以及美国四个区域植物引入站（负责对国外收集而来的种子和植物进行种植和评估）成立六十周年纪念日。

最后但也非常重要的一点是，2008 年也是科罗拉多州建立国家种子储存实验室五十周年，其中，该实验室是世界上重要经济农作物种子的主要长期储存设施。这些纪念日都在一年之内，包括各种历史，表明美国政府努力代表植物育种者、农民和园丁引进、试验和利用具有农业价值的植物种子，并出于未来考虑而安全地存储这些种子。

以前，植物引入只是苗圃主私人的事情。他们中许多人都非常活跃，在增加美国作物多样性方面发挥了重要作用。苗圃主，特别是那些以移民身份抵达的人们，利用他们与家乡的联系，努力引进他们熟悉的植物。19 世纪，当欧洲的苗圃主热衷于探索种植新品种的机会时，美国苗圃主似乎更倾向于进口，而不是培育新品种。可能是由于强势的基督教原则，许多人出于尊重的原因，不愿意承担造物主这一角色。

在 20 世纪最初几年，大卫·费尔柴尔德（David Fairchild）是官方资助活动的负责人，此类活动的目的是将新型蔬菜、水果、谷物、药物和其他具有潜在经济价值的植物引进美国。同时，他自己也是一位著名的收藏家，约有两万种收藏，包括鳄梨、油桃、桃子、木瓜、开心果、竹子和大豆。他是一名尽职尽责的公务员，并且做得比大多数人更好。他的赞助者和远征收集事业的同伴是一位富有的朋友，名叫巴伯·莱思罗普（Barbour Lathrop）。为了纪念费尔柴尔德，人们以他的名字为佛罗里达州的热带植物园命名，该植物园是世界上最大的棕榈类植物聚集地之一。然而他却从未卷入科学道德与机会主义（比如推翻瓦维洛夫的机会主义）之间的巨大冲突。

虽然缺乏其他几位收集者所具有的奇特经历、非凡领导力或明显个性，但费尔柴尔德仍然建立了美国植物引进程序的基调和动力。

现今，费尔柴尔德留给人们的印象比他应得的要少，而他所雇佣的大部分收集者仅仅只有名字存在于美国农业部的档案中。

我们所知道的收集者给人留下这种印象：在早期，美国农业部从同一批旅行者中招募了收集者，而这些旅行者在半个世纪后成为善于冒险的旅行公司的旅行领队。弗兰克·梅耶（Frank Meyer）和杰克·哈伦（Jack Harlan）是其中因为其成就而具有资格的两名收集者，后面我们会谈谈他们。另一名是约瑟夫·罗克（Joseph Rock），他令人印象深刻的是他的个性和生平。

罗克出生在奥地利，由父亲抚养大。他的父亲是一个波兰伯爵家庭的管家，并且是一名严厉的宗教狂热者。

年轻的罗克离家出走，以逃脱他父亲的掌控，在经过二十年的旅行和生活之后，他最终依靠其智慧成为美国公民。他获得了夏威夷大学植物系统学教授一职，然而，这一职位的获得与他宣称毕业于维也纳大学的谎言并非完全无关。那时，尽管没有正式的学术资格认证，但罗克除了他的母语德语之外，还能流利地使用匈牙利语、意大利语、希腊语、英语、法语、汉语和阿拉伯语。36 岁的时候，他的旅行癖再次"发作"，于是，他向大卫·费尔柴尔德申请了美国农业部的工作。费尔柴尔德派他去寻找大风子树，以便能从中获得治疗麻风病的油。

搜索工作让罗克经历了水蛭出没的丛林和生活着鳄鱼的河流。然而，他是与仆人一起旅行的，这些仆人的职责便是在每天长途跋涉结束时，准备一个帆布浴盆，并摆好新洗的白衬衫、夹克和领带，让主人在水中能够放松身心。在洗漱完并穿好衣服后，罗克便会坐在桌子前（以文明时尚的方式摆放着餐具，并铺有亚麻布），使用银餐具吃着欧式风格的晚餐，这些晚餐由一位按照主人的饮食习惯而接受培训的本地厨师做成，并装在精致的陶器内。毕竟，他是在一个威严的波兰伯爵家庭长大的，虽然离开了，但仍保留着精致的生活品位。

抛开他的怪癖不谈，罗克最终还是在阿萨姆邦和缅甸边界的丛林中发现了大风子树——按照他自己的说法，从野猪和熊的爪子中抢夺成熟的水果。一只雌虎甚至拆掉了他所住村庄的一所脆弱的小屋，并将住在里面的两名妇女拖出来吃掉了。他勇敢地回到了美国，他所带回的种子供种植园用于进行油的商业化生产。遗憾的是，生产出来的油的效果比原来所宣称的要低。

之后，费尔柴尔德再次把罗克送出去了——这次是去中国，在那里罗克找到了他的精神家园。罗克成了一个中国迷，并做了很多收集，特别是杜鹃花。那时中国西南政局不稳定，经常有强盗出没。最终，这个内向、孤立、带有一点自负且无法与其同伴相处的人在中国西部找到了一个安身之处，并获得了些许慰藉。1949 年后，罗克回到了夏威夷，并于 1962 年在那里过世。

1889 年，一个名叫弗朗茨·梅杰（Franz Meijer）的 14 岁男孩开始在阿姆斯特丹的植物园工作，担任园丁。几年后，他被安排负责实验花园，在那里，他的能力引起了德弗里斯的注意，德弗里斯成为他的保护人，并安排他参加大学提供的植物学课程。凭着这些资格，他由英国动身前往美国。梅杰在美国农业部找到了一份工作，并更名为梅耶，在转到加利福尼亚州圣安娜的植物育种基地工作之前，他以细菌学家的身份工作了一年。这使得他在墨西哥进行了一段时间的收集工作，这反过来又让费尔柴尔德要求他负责中国的收集探险队。

梅耶出生、生长在一个平原小国，在那里，从一个地方到另一个地方的最佳方式便是步行，他从未改变这一习惯。

他于 1905 年到达北京，途中经过中国北方大部分地区和国家，其中包括蒙古、韩国。梅耶一共走了一千多千米，花了两年半时间。

一路走来，他收集了许多果树的种子。一种菠菜，因其叶大多汁，吸引了他的注意力。梅耶把种子送回美国，而人们在美国发现它不仅仅是一个具有大叶子的菠菜植物。梅耶收集的植物拥有抗枯黄萎病基因，被美国农业部的植物育种者用于生产新的抗病品种。

在接下来的十年期间，梅耶又进行了三次种子收集探险工作。两次是到中国，一次从克里米亚开始漫长的旅途，途径俄罗斯南部边界，继续向东穿过亚美尼亚、阿塞拜疆、中国、土耳其和俄罗斯、蒙古边界。然而，中国国内过于动乱，如果按照预期进入中国就太危险了，所以梅耶折回了世界屋脊。

最终，他于1912年4月9日——泰坦尼克号出发的前一天——从南安普敦出发前往美国。在俄罗斯南部伏尔加河的萨拉托夫附近，他收集到了一种小冠花的种子。这些种子后来用于培植各类绿宝石草，被广泛地栽培用作动物饲料。

当梅耶于第二年回到中国时，他肩负了一个任务——探索栗树疫病是否来自亚洲，如果是的话，找到这种疾病的抗病原。1900年之前，美洲栗树在美国东部海岸的森林中占主导地位。然而，1910年，这些森林被引入的真菌病栗树疫病摧毁了。美洲栗树中没有天然的抗性来源。梅耶证明栗树疫病来自中国，然而栗子种子寿命很短，引入抗性菌株的努力受挫。在接下来的两年，他从中国的一端走到另一端，收集种子和果树幼枝。在西藏的边界，一系列磨难和困难让他心情沮丧，而且他还与他的翻译和一名苦力劳动者发生了分歧，并将他们两人扔下了楼梯。他被告到当地治安官处，要不是找到了一个伙伴假扮英国植物收集者雷吉诺德·法雷尔（Reginald Farrer）（也是该地区的植物采集者）为他开脱，梅耶也许会在中国监狱里结束他的生命。

梅耶在美国只待了几个月，随后，他于1916年回到中国，他这次的任务是收集抗梨火疫病的野生梨种子。启程后，他在长江上旅行。回到中国后，中国还是处于不稳定状态，这对他在宜昌的旅行而言太危险了。他在那里躲了整个冬天，直到1918年6月，他登上了开往上海的船。这一次航程刚开始之前就以悲剧收场。第一天晚上他就失踪了，后来人们在河里发现了他的尸体。他是从船上掉下来，还是自己跳到了河里，或者是被推到了河里，没有人知道。梅耶为人们所纪念的是他对大豆的贡献。在他第一次开始中国之旅之前，美国农民只种植八种不同种类的农作物，且没有一种是很令人满意的。他收集了四十多个新品种，这是今天美国大豆产业的基础。

　　在梅耶不幸逝世前一年，一个人出生了，他将承担起尼古拉·瓦维洛夫的角色。杰克·哈伦是哈里·哈伦（Harry Harlan）的次子，哈里在美国农业部从事大麦研究工作。杰克·哈伦成为国际上努力防止植物育种者所依赖的遗传资源损失的领导者中的一员。他是数百名无名植物育种家、收集家、种子银行家、农艺师和推广人员中的一名，他们为世界上植物资源收集和使用的事业做出了巨大贡献。在欧洲、亚洲、南美洲和非洲的种子收集探险中，他的父亲与许多植物收集者成了朋友，其中一位是尼古拉·瓦维洛夫，哈里·哈伦曾在 1932 年的国际遗传学大会上邀请他到家中做客。杰克当时 15 岁，在访问期间，遇见了瓦维洛夫，这次会面给人的印象是，这个男孩决心成为一名植物收集者。离开学校后，瓦维洛夫与苏联当局的关系恶化，杰克前往列宁格勒的计划被中止，他随后选择了一门更加传统的学术课程。从乔治·华盛顿大学毕业后，杰克在伯克利加州大学继续攻读博士学位。

　　杰克·哈伦 1942 年找到了一份农业部的工作，开始跟随父亲的步伐，培育饲料作物，提高俄克拉何马州牧场的放牧质量。

　　他对这些实践活动以及植物培养早期阶段的谷类植物改良都

非常感兴趣，这标志着他开始了一项长期事业，即致力于研究农作物的起源、培养农作物人员以及这些植物资源的使用和保存。哈伦离开农业部，继续接受全日制大学学习，首先是俄克拉何马大学，然后是伊利诺伊大学。在这里，他和约翰·德·韦特（Johannes de Wet）于 1967 年共同创立了具有影响力的农作物进化研究所。

哈伦如今终于能够兑现他对植物收集的承诺。

他在世界各国进行了超过 40 次的探险，观察植物在栽培环境和野生环境中的生长条件，以及在一系列关于农作物来源和培育的远古植物研究中起主导作用的条件。

美国农业部主办了这项工作，而哈伦收集到了相当多不同且优质的植物，其中包括许多果树和观赏植物，使得这项工作得到了丰富的回报。然而，根据他的主要兴趣，小麦、大麦、玉米、四叶草、苜蓿、三叶草和其他豆科饲料和杂草是他主要努力的焦点，并且，这些植物将在官方植物育种计划中发挥作用。

他最著名的收集物之一来自土耳其东部一个叫发基岩·森丁里（Fakiyan Semdinli）的麦田，这是他与一名叫奥斯曼·托森（Osman Tosun）的同事共同收集而得。它们长得高大、细长，但不是很强壮，而且看起来很糟糕，像发育不良，同时它们很瘦小，根茎结构很弱，几乎不能支撑起自身，即使是在没有长满谷穗的情况下也是如此。此外，其面粉的烘烤品质很差。这些收集的种子在美国农业部种子银行中正式注册为 PI 178383，并在那里存放了十五年，在此期间这些种子一直被漠视，未得到赏识。

20 世纪 60 年代初，条锈病暴发毁掉了美国西北部各州大部分小麦作物。人们采用了数百种收集的种子来进行条锈病菌株的抗性测试，其中 PI 178383 获得了成功。进一步的测试表明，它还携带某种基因，能够抵抗其他三株条锈病菌株、35 种常见的腥黑穗病、10 种矮腥黑穗病，且能承受秆黑粉病和雪霉病。

　　看似可悲的矮小植物已经变成了一个名副其实的真菌炸弹。植物育种者非常渴望将其基因整合到新引进的植物中，培育出来的品种占据了西北部各州的小麦种植区。在 PI 178383 获得成功后四十年，美国农业部另一名收集者去了发基岩·森丁里，看看那里是否还幸存有这种植物。不出所料，他没有发现这种植物，但发现它可能根本不是土耳其小麦。在田地里进行种植的农民是来自伊拉克的移民，这些种子可能是他们从家乡带过来的。

　　杰克·哈伦在世界各地丰富的收集实践经验和对栽培植物的观察使他能够对瓦维洛夫的理论进行审视，并评估这些理论自 1926 年提出以来是如何经受住时间的考验的。尽管比起瓦维洛夫所用的"起源中心"，哈伦更喜欢"多样性中心"，并且还对瓦维洛夫的一些其他结论进行了完善，但他基本同意某些地区是产生农作物多样性的"坩埚"。哈伦在后半生成为保护不可再生资源运动的主要参与者之一。

　　不同于俄罗斯和美国，英国政府未对农作物遗传资源的收集和开采工作做出集中安排。英国政府在 20 世纪开创过其他事业，比如在剑桥植物育种研究所培育小麦、大麦和其他谷物的政府资助机构，在梅登黑德附近培育草地和饲料作物的草原研究所，以及位于阿伯里斯特威斯的威尔士植物育种研究所。然而，从 18 世纪起，英国与其他欧洲帝国一样，对植物收集产生了非常强烈和广泛的兴趣——几乎完全基于个人的主动性。

在与詹姆斯·库克（James Cook）一起的远征中，世界遥远地方的各种多姿多彩的野花让约瑟夫·班克斯（Joseph Banks）大开眼界。

当班克斯最终成为位于克佑区的皇家植物园的负责人时，他任命一位又一位年轻园丁成为植物收集者——这被英国皇家园艺协会的官员跟随模仿，其中最著名的是约翰·林德利（John Lindley）。同时，班克斯又派所有植物收集者中最成功且最杰出的一位——罗伯特·福琼（Robert Fortune），向英国园丁介绍最新发现的中国园丁的"宝藏"。最著名的宝藏也许是他向印度介绍的中国茶树。19世纪40年代至60年代，他为英国花园引进了奇异果、中国红芽和连翘。

相比处于生长状态的植物，种子在这些引进中仅占较小部分，直到威廉·胡克（William Hooker）（克佑区皇家植物园负责人）的儿子约瑟夫·胡克（Joseph Hooker）于1848出发前往锡金收集植物。经过一系列悲惨遭遇，他带着大量种子和杜鹃花属植物回来了。胡克收集的杜鹃花属植物启发了英国园丁，并引起了他们对于喜马拉雅山脉地区、印度边界、缅甸和中国西部植物群的兴趣，这也催生了一系列远征活动，到那些地方进行植物收集。这些高产的远征，为在20世纪英国园林发展中扮演了重要角色的林地花园的发展提供了资金。

特别是杜鹃花属植物，让种子收集者的种子收集变得更容易。它们不仅非常多产，而且当种子处于绿色状态时，便可以比大多数绿色植物更多地收集，这大大延长了可以进行有价值的收集的时间。相比处于生长状态的标本，种子还更适于远距离运输，并让报春花属、龙胆属、绿绒蒿属等热门植物的收集更具弹性。然而，可收集成熟种子的季节很短，收集者们不得不在预定时间守在特定地方，苦于应付这种不确定情况是若干困难中的最大难题。

乔治·福雷斯特（George Forest），一位肌肉结实、性格倔强的苏格兰人，为爱丁堡的皇家植物园工作，受到利物浦棉花经纪人亚瑟·布利（Arthur Bulley）和康沃尔郡的约翰·查尔斯·威廉姆斯（John Charles Williams）的资助。

他是成功种子收集者的缩影，且他所收集的种子数量远超分发给园丁的资源。福雷斯特的秘诀就是从当地的山地部落聘请众多本土收集者，培训他们，使他们能够正确识别植物并在适当的时候成功收集种子，代表福雷斯特在乡间四处搜寻。1904 年至 1931 年，他经历七次远征，收集了中国云南、西藏和缅甸地区植物区系的植物，获得了惊人的成功。

他收集的数目着实让人震惊，除了几十个属的综合收藏，还包括超过 5300 种杜鹃花属植物、一百五十多种报春花属植物及其亚种。在他最后一次收集远征的总结中，他写道："面对如此丰富的种子，我几乎不知道从哪里开始。这几乎是我所希望得到的一切，也意味着太多太多。报春花属植物十分丰富，其中一些植物的种子重达 3～5 磅，绿绒蒿属植物、豹子花属植物、百合属植物以及球茎类植物同样如此。当所有种子都被妥善处理和包装之后，我预计至少需要两头骡子才能运走这些优良的干净种子，这意味着有 400～500 种物种，按照一头骡子能运输 130～150 磅进行计算，这就是近 300 磅的种子。如果一切顺利的话，对于过去那些年的努力，我已经交上一份光荣而令人满意的答卷。"福雷斯特于一两周后因心脏病发作而去世，享年 59 岁，他去世的时候仍然在田野工作。

20 世纪初，私营公司的植物育种以及美国农业部的活动——由许多国家的收集者的努力而推动，并由遗传学家、农学家和推广人员组成的一个与全国各地农民保持联系的小型团队进行维护——已经转变了农业生产方式。同时，在谷物及其他作物中选育具有抗病、抗寒、抗旱、生产力和维持高产量所需的其他品质的品种方面也取得了巨大成功。

20 世纪 40 年代，美国政府官员出于政治目的，决定采用这种植物育种专门知识。他们以洛克菲勒基金会和福特基金会提供的资金为基础，带着改善农村穷人命运这一值得称赞的意图，将第一个目的地定在墨西哥，希望这样能够提升其社会稳定性。

合作小麦研究与生产程序在特别神秘的名为特别研究办公室的主持下得以建立，用于培育小麦和玉米改良品种。

负责该项目的人员是诺曼·博劳格（Norman Borlaug），一位挪威裔艾奥瓦州农民的儿子，当时 35 岁（图 34）。后来证明，他是一个集卓越清晰的远见与无情追求承诺于一身的人。博劳格特别偏好于明确界定的实践目标，而不屑于学术细节。在明尼苏达大学修完林业学位后，他曾在美国林业服务部工作，之后他又回到大学攻读植物病理学的研究生学位。然后，他成为特拉华州威尔明顿杜邦基金会杀菌剂研究项目的负责人。两年后，即 1944 年，博劳格作为遗传学家和植物病理学家在墨西哥被任命担任负责植物育种计划的一个职位。

虽然博劳格的资质并未立即让他适合植物育种计划这一需求，但他作为一位协调员非常成功。该项目包括他的几位同事：玉米育种专家爱德文·韦尔豪森（Edwin Wellhausen）、土豆育种专家约翰·尼德豪泽（John Niederhauser）和农学家威廉·科尔维尔（William Colwell）。该项目启动后不久，博劳格有了一个想法：一年当然应该可以种植两季小麦作物，一次为夏季的墨西哥中部，另一次为冬季的热带滨海平原。这个想法受到了他那些接受过培训的正统农学家同事的冷遇。他们告诉他这行不通，因为收割后的小麦种子必须休息，也就是说，直到后成熟期，它们才能够发芽。博劳格几乎不使用正统理论，且在经历大量反对意见之后，获批准尝试他的想法，并取得了圆满成功。他不仅能够使培育新品种的时间减半，还受益于一个完全意想不到的好处。在墨西哥中部播下的种子在日长夜短的夏季期间生长，而播种在沿海平原上种子却在日短夜长的冬季期间生长。只有能够在这两种情况下正常生长的品种才能进入最后的选种，这样，可以认定墨西哥小麦的生产与日长无任何联系，它可以在世界上任何气候条件允许的地方生长。

然而，博劳格保守的同事们感到怀疑。但他聪明地回避冲突，以加速他的育种计划，结果却不太令人满意：一是后成熟期长度缩短，二是加速发芽的情况下植株成熟后谷物产量的增长趋势不足。在多雨年份，当小麦穗粒生长到可以收割之前，会导致严重的产量损失。

20世纪50年代，墨西哥成为小麦自给自足的国家，到60年代，该国的产量达到出口剩余水平。成功的关键是引进最初在日本培育的小麦矮型品种，能够高效利用光合作用所产生的营养物质。未改良的地方品种的植株将从阳光获得的能量的80%用于麦秆生长，而只有20%进入到种子。现在，矮型品种的小麦、水稻和玉米将约50%的能量转移至种子，即，原本保存在麦秆上的能量进入了种子，这必然是一件好事（除非你碰巧是专业的葺屋顶者）。玉米植株的生产力同样有所增加，部分是因为进入叶和茎的能量有所减少，但主要是因为在不降低产量的情况下，植株紧密生长。这通过培育具有较少的蔓延叶子和更具直立生长姿态的植株来实现，它们邻近植株之间的阴影较小。

之后，该特别研究办公室成为国际玉米和小麦改良中心，自1943年开始被称为CIMMYT，是一家自主研究机构，具有享有外交官特权的董事会和国际研究人员。博劳格被任命为国际小麦改良计划的负责人，负责组织多个国家进行农业生产技术的根本变革，这被称为"绿色革命"。

墨西哥事业的成功证实了美国政府希望通过向发展中国家增加出口作物产量以获得潜在政治优势。该计划存在两个目的。植物育种者认为在世界某些地区提高作物生产率是一项人道主义事业，在那些地区，作物生产率的提高对人民的幸福、健康和生活质量提高做出了关键贡献，尤其是农民 —— 其中许多是穷人，他们的工作收入仅稍微超过维持生计所需的水平。而政府视之为冷战时期的政治武器。

印度是第一批获得这些益处的国家之一。这在很大程度上得益于印度农学家曼康布·桑巴斯万·斯瓦米纳坦（Monkombu Sambasivan Swaminathan）（图 35）的激励领导作用，他是一位致力于消除亚洲饥饿和贫穷的梦想家。在印度毕业后，斯瓦米纳坦在荷兰继续学习，然后作为研究生在英国深造，之后受聘到美国工作，从事马铃薯遗传学研究与新品种选育的研究工作。后来，他回到祖国，深信亚洲比北美地区更需要他的技能。虽然在印度农业研究所工作的时候，斯瓦米纳坦开始将地方小麦品种和墨西哥 CIMMYT 培育的改良品种，以及从日本直接进口的其他矮株品种进行杂交。

20 世纪 60 年代，福特基金会支持印度政府从墨西哥进口大量小麦种子，以支持斯瓦米纳坦和他的同事指导下的本国植株改良计划。该计划通过两千个示范农场向农民展示如何以最有效的方式施用化肥和喷洒农药。斯瓦米纳坦是一位受人尊敬的人，因为他坚信使用环境可持续的农业方法和保护生物多样性具有大量益处——这使得他所倡导的绿色革命的技术方法在解决问题方面变得特别重要。

斯瓦米纳坦可能对这些方法有所保留，但无论如何，结果都惊人惊叹。

20 世纪 60 年代中期，小麦新品种被引入到印度，并且，印度的小麦产量在两年内从 1000 万吨增长至 1800 万吨；到 2004 年，年产量已达到 8000 万吨。饥荒的幽灵——曾经在该国许多地区看似属于一种不可避免的存在，开始慢慢地淡出人们的记忆。

1960 年，墨西哥小麦所取得的成就被应用于菲律宾，当时，洛克菲勒基金会和福特基金会成立了类似于 CIMMYT 的国际水稻研究所（IRRI）。国际水稻研究所的作用是收集整个东南亚地区所种植的品种，以培育全新的改进品种，并将它们分发给该地区的国家。这样做的主要目标之一是基于日本培育的品种，培育出矮株高产且适于热带条件生长的水稻品种。所谓的"奇迹米"为热带和亚热带农民带来了"矮株墨西哥小麦"为世界气温稍冷地区的农民所带来的类似成果。

高产品种是绿色革命的标志，但其影响比仅仅采用纯种菌株取代地方低产品种来得更深远。高产量背后的秘密是这些新品种植株能够更有效地利用氮；为支持其需求，植株不得不需要人工肥料供给，且供给水平需远远超过以前农民在农业系统中使用的水平。同样，实现高产量也取决于减少虫害或真菌感染，这就需要应用各种农药。最后，对于干旱地区而言，灌溉必不可少。

此计划获得了高度成功，尤其是因为博劳格的坚持，包括在一些国家对培训农学家和推广人员的坚定承诺，这种承诺为这些国家做了很多实事。许多发展中国家的小麦、水稻和玉米产量在1961年至1985年期间增长了数倍，因为越来越多的农民用纯种品种替换其地方品种，且被指导使用新的农业技术。到1990年，生长在亚洲地区的大米几近四分之三都是由该计划所培育的种子生长所得；拉丁美洲和非洲一半的小麦以及全世界近70%的玉米也属于类似的情况。

这并非全部。除主要谷物外，大麦、高粱、小米、木薯、豆类等作物的改良品种也使世界各地农场的产量得到了显著提高。

全球绿色革命最突出的特点是其与美国农业生产力中类似改善相关的时机。

在美国政府赞助的组织开始出口改良植物育种产品并采用新兴方法施用化肥之前仅仅二十五年，美国农民 —— 特别是中西部玉米带和北方小麦种植区的农民 —— 一直被指导遵循相同的路径（农民通常很不情愿）。农民所强调的谨慎和保持精益是 20 世纪 30年代至 40 年代萧条时期生存的关键，同时与农产品的低价格相结合。相比通过投资新培育的 F_1 杂交玉米品种（相对昂贵），以及其祖先曾少量或根本未使用人工肥料来提高生产率，他们更倾向于购买廉价种子且不使用肥料，以节省开支。美国经济形势的改善和世界其他地区的粮食短缺状况，能够说服美国农民，更高的生产力可以赚取更高利润，且十分有必要对生产力更高的品种和技术进步进行投资。

到 20 世纪 70 年代，在墨西哥、印度等新兴国家中，播下谷物种子，甚至是摘下第一批水果，无不显现出类似的新科技领域的转变。

两个世纪之后，我们似乎已经可以回答马尔萨斯的悲观预测，他认为人类的增长必然超过世界养活我们的能力。1970 年，诺曼·博劳格获得诺贝尔和平奖，以此表彰他通过绿色革命成功缓解贫穷和饥饿的事业。然而，绿色革命带来的意外后果也将严重威胁人类未来的食物供应。

第八章

种子的银行

尽管诺曼·博劳格获得了出席诺贝尔颁奖典礼的杰出观众的喝彩，但嘲讽也开始向他袭来。对于很多人来说他是一位英雄。那些相信世间万物的存活依赖于植物育种技术的进步和自由使用化肥和杀虫剂的人将他看成是世界的救世主。对于有些人而言，他是将陈旧的养殖方法废除、奠基未来的新方法的人。有些人是通过两个方面来衡量一个种植者的成就的：一是由单一栽培的产量和获得的收入，二是控制多方面环境的能力。而另一些传统主义者，致力于维护和提高遗传的多样性。他们把信仰放在半自然生态系统，准备修改环境条件以满足作物的供给 —— 他们依然坚定地维护自然植物和环境之间的平衡。

　　绿色革命使谷物产量增加，但这样做会使历史悠久的谷物养殖方法发生不可避免的改变，并且经常遭到破坏。

　　高投入取代自给农业，由现金支付种子（以前放在家里保存）的高输出系统以及化肥、农药和灌溉至关重要。小农户和农民不习惯这种系统，他们的经费经常严重不足，甚至可能陷入债务；如果他们未能偿还欠债，他们的土地会被没收、被更大的庄园吞并。

机械化的优势也给了更多的富裕农民巨大的好处。许多无法在新的世界农业竞争中逐步处理好关系的农民都迁移到城市寻找工作，他们只能在城市贫民窟度过余生，生活勉强糊口。在许多地方，化肥和农药水平的提高导致植物和动物被破坏，河流、湖泊等水源被污染。灌溉带来了熟悉的盐渍化和地下水位的下降，尤其是在干燥的中东沙漠地区。

对一些人来说，这些变化是社会进步的代价——必须提升世界农业的生产力水平以养活人口扩张的需求。其他人认为它们肆意破坏人们的生活方式和农业系统，必须得用更多的耐心、更多的了解，才可以修补变化的生活、创造更多的生产系统。

许多人更倾向于用绿色发展的方式去革命，但温和的流程是否能够向人们提供令人印象深刻的、数据严谨的结果，这是双方都需要思考的问题

不过，用自然的、温和的方式去征用确实帮助我们实现了许多事情，比如在绿色革命的影响下越来越多的国家利用尖端技术使粮食产量明显提升，我们也不应当忽略世界各地阻碍农业系统发展的陷阱。

绿色革命可能会受到很多批评，但我们应该对其抱有感恩之心，它组织有序，并且实现了提高生产率的目标（有时甚至超乎我们的预料），可以说它大幅改善了我们的生活。

关于绿色革命利弊的讨论仍将继续下去，然而却很少有人反对马尔萨斯在 1798 年提出的消极观点——世界人口仍会持续增长，

最终超过地球的供给能力。这一观点必须被舍弃。

毫无疑问的是，绿色革命对于遗传多样性的影响造福了农民几千年。大部分的生物多样性生成于地球上极有限的一些地区——这些地区直到现在可能都没有接触到现代农业，以绿色革命的观点来看几乎是遥不可及的。

现代农业基于作物的高产菌株，利用良好的无病虫害的生长环境和充足的水分和养分培养作物。由于产量数字巨大，如果进行品种对比可能只能对比一种，或个别几种产量最高的品种，而且会不可避免地导致重复使用特定基因的组合以证明整体多样性的价值。

特定作物的纯种菌株往往是有联系的，它们在基因方面有许多共同之处。它们的遗传基础因此比品种数量更受到限制。每种小麦在某个区域种植的时候可能都缺乏耐旱性，一旦遇到旱季这将变成一场灾难。

每种玉米对真菌的抵抗力都有可能减弱，而这种减弱一旦发生，就会在田间立即蔓延开。寻找住所和食物的害虫几乎可以在任何一株水稻上找到它想要的一切。例如人们在搜寻 F_1 杂交玉米亲代的过程中发现了雄性不育体。这对于育种家来说是一个福音，他们想确定这种植物的种子是由两个不同的植物杂交而不是自花授粉的结果。

这种植物的后代在 20 世纪五六十年代被广泛应用于杂交玉米种子的生产，20 世纪 80 年代在美国玉米带上种植的玉米大部分都是它们的后代。在 20 世纪六七十年代来自 PI 178383 小麦的后代同样也在美国西北部的小麦产区占主导地位。这种现象一方面赋予了小麦抗条锈病的能力，有助于提高产量；但同时这也造成它们遗传的一致性，这可能会导致它们易受其他疾病的影响。这种影响是真实存在的。

同谱系的谷物会一个接一个地在其他国家排斥地方品种、相对低产的品种以及当地古老的品种。荒谬的是由于这种生存方式如此成功，成功繁殖的谷物自身也会受到威胁。

在 20 世纪中叶以前，麦田中只有少数植物可能感染真菌病毒，并且最终受感染的植物及其周围的一部分植物都会获得抵抗疾病的能力。当干旱来临时，缺少抗旱性的农作物会大范围死亡，具有更强耐旱性的个体或品种则能生存下来，并继续生产新的粮食。现在的作物大多是在农村广阔的土地中成长的，仅仅一个病毒或是阴晴不定的气候变化就会带来巨大的威胁。

在一些发展中国家，改良品种的高产量并没能持续多久。短短几年之后它，们的产量——尤其是在气候条件不利的情况下——可能就会缩减，导致亏损。这些作物的产量并没有比改良前的传统作物高多少，有时甚至还低于传统作物。究其原因，一方面新型的病原体不断进化，同时成群的害虫造成的破坏也在持续恶化。巴基斯坦的农民间流传着一个奇怪的说法，据说每一种新谷物的诞生都会导致一种新的害虫出现。

干旱、害虫和病菌所带来的减产从来不是什么新鲜事，在农业历史上这些一直是令人头疼的问题。但是，由于过去的研究受到了抗药性的限制，以及大量作物受到多种基因竞争的影响，直到今天这些灾难带来的损失仍很严重，且普遍存在。研究育种的植物学家企图通过多系育种的方式去解决这些问题，他们用具有相似特性但不同基因型的品种杂交，形成在某些方面突破传统品种的新品种。这可以减少由于新的病原体出现所造成的损失，但事实上这些新的品种大多都活不长。

在农业发达国家的培育基地，我们有时可能获取具有抗病性或者其他必要特性的植株。而当这种可能性变为零时，育种学家们便不得不求助于广大的农民，在他们的田地上寻找具有这些特性的植株。杰克·哈伦培养新种小麦时的失败就是一个经典的反例。

而在埃塞俄比亚，一个很少被农业从者们关注的关于大麦的研究同样有可能震惊世界。虽然大麦的蛋白质含量不差，但是由于氨基酸和赖氨酸的浓度较低，它们并不适合用来做动物饲料。一些传统大麦品种虽然赖氨酸浓度很高，但蛋白质含量却不足。同时兼具高蛋白和高赖氨酸浓度的大麦在当时显然是可望而不可即的，直到在埃塞俄比亚进行的研究第一次将这两者结合了起来。

油菜籽被粉碎榨油后剩下的残渣可以做成品质优良的动物饲料，在20世纪70年代，油菜中出现的高浓度的有毒硫化物使得可用的安全饲料少之又少，动物的数量也在锐减，直到在波兰人们发现了一种油料价值有限但含有较低有毒硫化物的油菜品种，这一问题才得到了缓解。如今我们已经通过结合优质品种培育出了既具有高油料价值硫化物浓度又低的高产油菜品种。

镰刀菌萎蔫病一直困扰着番茄种植者们，他们甚至不得不将番茄嫁接到对镰刀菌免疫的作物根茎上以保全这些番茄，可实际上这对他们来讲并不划算。野生的红醋栗番茄本身并无经济价值，它们的果实只有葡萄干大小。但在1929年，一项关于红醋栗番茄的研究却扫清了镰刀菌的威胁。

与人工繁殖后的红醋栗番茄十字嫁接后，许多经济番茄品种利用红醋栗番茄的基因获得了镰刀菌的抗性（图36）。其他野生番茄品种也被纳入植物育种计划，成为其中重要的一部分。例如太平洋上的一座小岛——加拉帕戈斯群岛上生长着一种矮小的植物，它们生长在距离海边几码的土地上，逐渐产生了抗盐碱性。另外还有生长在秘鲁岩缝间的仙人掌的种子，这种路人经过都不会多看一眼的普通植物却具有极强的抗旱性。

细菌性枯萎逐渐开始造成令人无法接受的巨大损失，人们搜寻了位于美国柯林斯堡科罗拉多的种子库里超过1600株样本，只求找到一株具有抗性的植物。这个集各种优秀抗性于一身的作物品种现在广泛地生长在整个北美地区。然而这不可避免地导致了如今美国所有的种植豆子中都有这种极其危险的基因基础。

寻找抗源是一个永无止境的过程，新的问题不断产生，植物为了与其抗争也在不断地发生变异、进化自己。1999年，人们在乌干达农田里的作物中发现了一种罕见的黑茎病病毒（图37），这种病毒破坏极大，它不同于某些只破坏叶子的病毒，那些病毒虽然会导致减产但并不会杀死植物，而这种黑茎病病毒作用于整个植物体，最终破坏整个植株。

茎锈病病毒途经肯尼亚和埃塞俄比亚逐年向北蔓延，而到了2008年它们已经途经也门和伊朗开始向东扩散。短短一两年内，这种病毒很有可能就会蔓延到印度北部，甚至出现在巴基斯坦、北美洲和中美洲平民百姓的餐桌上，最终造成全世界范围内的影响。

可能受影响的国家的小麦总产量占世界小麦总产量的25%，这些粮食养育着亿万人。目前还没有什么能替代该地区广泛种植的易感病害的小麦品种。目前已经发现了几个有希望的抗体来源，但需要至少五年的时间才能培养出足够的种子以用于经济生产。这种疾病最早出现在乌干达，早在几年前它就已经对世界大部分的小麦产区造成了威胁。

这种变异在澳大利亚西部的小麦带、美国和加拿大交界处草场广布的一些州，甚至在旁遮普当地都很容易发生。由于这种疾病发生在世界上主要的小麦种植区腹地，我们几乎没有时间制定合理的育种方案来应对这场灾难，因此这场灾难的潜在后果简直不堪设想。

这些例子以及其他许多未提及的例子表明，虽然地方品种和古老的传统品种在植物学家的不断努力之下已经被改良，但它们仍然是工业影响下的宝贵资源。然而它们却悄无声息地消失了，直到第二次世界大战结束都没有人注意到它们的消逝。有人说它们早在19世纪末就消失了，但直到20世纪二三十年代瓦维洛夫和杰克·哈伦才真正意识到它们消逝的意义。

像可能预料的那样，原种植株长期以来一直支配着西欧和北美。然而，到目前为止，一些古老的品种仍然被保存在欧洲的一些地区，如意大利南部、希腊和东部 —— 只是由于绿色革命在全球发展的潮流使之消失。与过去丰富的种植量相比，近几年硬质小麦在希腊的种植量有所减少。当1967年土耳其农民第一次共同努力采集地方品种的种子时，人们就发现了当地小麦拥有各种各样的质量。过去五年里，农场充斥着各种进口的小麦和大麦，只有最古老、最保守、最顽固的农夫还在种植传统品种。同样地，在伊拉克和巴基斯坦，古老的耕种区回到了耕种的黎明（并且曾因作物的多样化而闻名），田地充满了高产量、低遗传多样性的新品种谷物。

新品种的产量比地方品种丰年的最高产量还要高，它们所带来的农业效益是巨大的，但是种植者必须用资源的损失来换取新品种的长期引入。

长期以来，农业理论发展的速度以及其与各种小麦、大麦、豆类、燕麦和黑麦种植经验的互补关系出乎了人们的预料。在20世纪60年代阿富汗的地方品种和谷物的原始作物的状况调查得出的结论显示，在植物学家研究处理之后，当地的这些问题已经缓解，现在的问题并不严重。而且这些地方品种和原始作物一直被认为在不久的将来可能成为一种宝贵的繁殖材料。然而这份报告刚刚发表，灾难性的干旱导致的农业减产和饥荒就完全颠覆了人们的认知。农民们为了生存不得不以谷物的种子为食，以至于他们没有种子再进行播种，因此后来农民使用的种子都是进口的纯种品种。

虽然进口种子缓解了他们没有种子可种的燃眉之急，但是仅仅两年之内，资源保护者们就目睹了大批安全资源的毁灭，而他们对此几乎无能为力。虽然引入种子的案例只发生在欧洲和亚洲西部，但类似的情况仍在世界各处的农业生产区造成影响。

到了20世纪60年代，这个问题已经被揭示出来，不能再被忽视了，但是我们能做些什么呢？有几种方法可以保护遗传多样性。生物学最吸引人的地方就在于通过简单质朴的农业实践就可以维持和发展当地的植物种，进而发展出多样化的遗传基因，然后遗传基因的多样化又可以作用于野生植物和一些逐渐被人类培育的作物，最终促进了今天作物种植的发展。与此同时我们还可以进行迁地保护，即收集不同地区代表性作物的种子并保存在其他地方。其中收集范围最广的一个保护区建立于 20 世纪初的苏联，它也是列宁格勒农业科学研究所的前身。美国农业部的种子收集和考察也采用了和苏联保护区同样的方式。

随着时间的推移，曾经的农业经济逐渐落后于时代，就地建立的保护区出现了越来越多难以忽视的现实问题，已经几乎不能再创造任何价值。劝说农场主恢复原始耕作方式的建议都是不切实际的。

有一些特征已经被明确定义为优点，而仍有一些具有局限性有待改良的说法也在进行着尝试。类似的例子发生在墨西哥中部，从当地的玉米种植历史可以发现，当地玉米一直与一种称为墨西哥蜀黍的杂草近亲生长在一起，它们的杂交率低但是意义非凡。

这种基因交换对于维持玉米的遗传多样性至关重要，如果想要保持遗传多样性，这样的杂交就必须持续发生。1987 年联合国建立的西拉·德马南特兰（Sierra de Manantlan）生物圈保护区就是为了保护墨西哥蜀黍并实践其传统耕种方式。

20 世纪人们发现许多物种的种子几乎可以无限期地在冷藏库中存活，这项突破性的研究给了迁地保护新的可能性。从前，种子的收集只能通过每隔几年反复收集来更新种子库。每次更新植物都会面临选择的压力，要冒着杂交失败、错误鉴定和不同种子间身份转换的风险。

通过停止细胞分裂来延长种子的贮藏寿命几乎可以消除这些不

利影响。所有小而干燥的种子在低温干燥的条件下都可以保存很多年，这意味着对于绝大多数种子来说，冷藏法都是一个既实用又经济高效的保存方法。所有主流农产品的种子都有能力抵御冷冻设备的暂时故障所带来的损失，而对于收集种子的主要威胁就是战争、政治变动所导致的财政损失以及极端的自然状况。

基于种子的长期冷藏技术，现在许多国家都建立了自己的种子库，同时还出现了一些跨国的种子贮藏机构，以作为育种者的资源，造福人类。这些机构的大量收藏提供了能够对各种问题进行公开说明的平台和国际协调项目保护植物遗传资源的衡量标准。2006年在美国国家植物种子系统中的种子收集数超过476000个，包括近一万二千个不同的物种。其中冷冻仓库里的许多种子都是在1958年第一次被收藏于科林斯堡的种子库中的。圣彼得堡瓦维洛夫学院拥有超过43000个豌豆种子收藏：扁豆，豆类，三叶草，以及其他一些豆科植物。

欧洲植物育种协会的一项早期调查估计，需要至少十五万的馆藏以尝试在欧洲保存作物遗传资源。建立于菲律宾洛斯巴诺斯大学的国际水稻研究所在水稻研究领域具有很高的权威，其中收藏了九万多种不同种类和品种的水稻。被称为全球种子库的斯瓦尔巴德岛种子库收藏了近两百万种作物的种子，被认为是世界植物遗传资源的汇总（图38、图39）。

联合国粮食和农业组织第一次尝试将问题、可能性和责任纳入国际平台，并于1961年在罗马总部召开的植物勘查和开发会议上进行公开讨论。从那时起全球的可利用资源能比之前采用传统方式利用得更加有效。不出所料，那些传统的建议并没能产生有效的影响。在没能解决政治障碍、没能突破国际组织中繁杂的官僚程序的状况下，建议不太可能产生多大影响。这种情况很快就发生了改变。

三年后，一个独立的科学家小组成立了国际生物项目，以协调研究生物资源及环境变化对人类社会的影响。几乎所有以此为目的的组织都不可避免地将目光聚焦在农业生产的改变以及动植物生存健康的发展所带来的巨大影响。因此，在世界各地许多有相关经验的科学家们都被邀请参与该项目的活动。

位于澳大利亚堪培拉的科学及工业研究部的带头人奥托·弗兰克尔（Otto Frankel）也被邀请出席此项目。弗兰克尔是个付出巨大的努力来收集和维护锐减的（也是种植者们最依赖的）遗传多样性的人。在接下来的几年中，他将会一手推动解决现存问题。最终在1967年联合国粮农组织总部的某次国际会议上，他决定参与国际生物项目的工作。

1967年会议的主题是植物遗传资源的开发、利用和保护。会议将"发现、保护和利用当地所有的植物遗传资源并服务于世界人民应当是各国以及国际组织不可推脱的义务"的宣言作为基调。

弗兰克尔结识了有影响力的同盟——曼康布·桑巴斯万·斯瓦米纳坦，杰克·哈伦，以及在联合国粮农组织总部中颇有地位的厄纳·班尼特（Erna Bennett）。厄纳·班尼特参与过作物生态学以及遗传资源分支的工作。

几年前我第一次遇到厄纳和奥托时——至少他让大家这么叫他——他们正在联合国粮农组织的大楼里面争吵。厄纳指责奥托在催促一个项目时没有询问她的意见，她说如果他真的觉得这个计划能来得及，并且自认为能说服联合国粮农组织的官员接受这个项目，那他可真比她想象得还要愚蠢和脱线。

弗兰克尔批评她是一个固执的、自我中心的女人，简直没法一起共事，以此作为反击。这是厄纳第一次听到有人反驳她。而这只是这两个见解独到的人的无数次交流之一，是两个杰出人物的一次激烈的观点碰撞。而两种观点的融合很大程度上帮助他们获得了成功。在未来几年内，双方都将在推动协调国际行动、优先建立作物遗传资源保护所这一项目中发挥主导作用。

根据劳埃德·埃文斯（Lloyd Evans）的描述，奥托·弗兰克尔1900 年生于维也纳，时任澳大利亚科学院的院长。作为一个有着复杂性格的男人，他时而鲁莽时而温柔，时而无聊又时而好奇。如此善变的气质结合杰出的智慧、热爱探索的性格以及对自己工作的质疑态度，使他从同龄人中脱颖而出。

在经历了各种不满意的学习生涯后，柏林德皇威廉育种研究所所长欧文·鲍尔（Erwin Baur）的一次植物遗传学讲座改变了奥托的一生。

当时还是个学生的奥托被鲍尔所讲的内容深深地吸引。鲍尔建立了自己的研究项目，而奥托则以一名遗传学研究学者的身份入职。他的第一份工作是在布拉迪斯拉发附近的田地里培育改良小麦和大麦品种，为继续研究植物染色体提供了一个框架。正如奥托所愿，理论和实践兼备成为他之后所有工作中的特质。

在剑桥植物育种研究所研究了一段时间燕麦和小麦后，他在新西兰林肯大学的小麦研究所获得了植物育种者和遗传学家的职位。在接下来的二十二年间，奥托·弗兰克尔培育出了一种能够适应新西兰地理气候条件的新品种小麦。在此期间，他访问了英国的英尼斯研究所，得到了与著名遗传学家西里尔·达灵顿（Cyril Darlington）交流的机会。他还在 1935 年花了一个星期前往位于列宁格勒的尼古拉·瓦维洛夫研究所，像他的很多同行一样，奥托发觉在瓦维洛夫研究所工作的经历很吸引他，并将他的研究目标转为收集保护粮食作物以及利用它们的基因资源。这段经历对他之后的人生意义非凡。

弗兰克尔于 1951 年离开新西兰。在晋升为工业与科学研究部和农业部的主任之后，他遭受了文化饥荒（表现为旧派坚持与现代艺术的缺乏），并经历了官僚政治的挫败。紧接着他在澳大利亚又面临了新的挑战，在那里他成为英联邦科学与工业研究组织（CSIRO）在堪培拉的首席研究员。第一次来到这个组织他就对其未来感到深深的担忧 —— 设施落后、员工士气低迷、管理不当，种种问题困扰着他。

在接下来的几年间，弗兰克尔的加入使这个组织发生了翻天覆地的变化，他对设备和员工进行了革新，为组织注入了新鲜的血液，激励稳定长期成员。同时他还改革了部门分类和管理系统。

1966 年，他作为名誉研究员回到了实验室，但奥托不是那种老老实实退休的人。在接下来的三十多年里，他还直接担任这个组织的领导者，继续工作以减少国际基因资源的严重损害 —— 这是全世界作物种植者最为依赖的一点。直到最后，他 98 岁去世前，他才放下这些工作。

他这一生都投身于植物育种事业，满足不断提高的对科学研究高层管理的要求的经历让他成为一个苛刻的领导者，然而，他方法

的灵活性，他对于提出或接纳新观念的期待以及他超越了冗杂机构
那耗费精力的处理进程的思想范畴——不可避免地使那些被他超
越的官僚主义者们陷入为难且沮丧的境地。

厄纳·班尼特是联合国粮农组织派来协助弗兰克尔的伙伴。她
一直全身心地投入她干的每一件事。她在粮农组织发起了一项国际
范围内的植物种子资源的调查，以协调对一般种子、地方品种以及
对地中海周边、中东中部和阿富汗等地的古老品种的研究。

她在工作过程中创造了"遗传保护"这一概念，以阐释为保护
遗传资源而得到的物质和战略支持。这一举措使她立刻受到组织领
导层的关注，她向粮农组织的管理者证明，她比弗兰克尔更适合在
官僚体系中生存。

1967年的联合国粮农组织将重心转移到了"保护"上。对于
遗传基因的侵蚀状况的讨论已经很充分，它带来的严重后果"甚
至可能会影响接下来的几代人，的确这是我们的责任，我们没能
够及时洞察到这一点并负起责任"。会议制定了一项充满野心的方
案，由联合国粮农组织负责协调国际对植物资源的探索、保护和
利用。

这个项目是由熟悉各地地理环境和特有作物的科学家所组成
的专业小组发起的。他们的工作是及时了解当前的发展情况，建
立专门针对特定地理区域、农作物或技术的工作组来推动这一
进程。

尽管弗兰克尔对该方案官僚主义的性质并不欣赏，但这个方案
的确在20世纪六七十年代帮助联合国粮农组织在遗传保护方面取
得了很大的进展。初步资料调查显示了遗传资源的损失程度，并强

调了采取行动的紧迫性。该小组在1970年在罗马举行的会议上做出回应，建议成立一个国际化中心，负责长期保存、繁殖、种子基因资源共享和新品种分布调查。在马里兰州的贝茨维尔召开的美国农业部研究中心的会议上，通过网络筛选，这个机构被确立了。当时，大多数收集了大量种子和植物的机构已经成立了。这个筛选很大程度上受到了被尼古拉·瓦维洛夫和杰克·哈伦定义的"起源中心"所需保护的影响。

1973年联合国粮农组织召开了以"回顾发展历程，制定未来新目标"为主题的第三次会议，作为主席的奥托不满足于之前所取得的成就，下决心要给联合国粮农组织增加一些紧迫感。我作为英国下议院的成员参加了这次会议，发现自己作为公务员，被人们认为是唯一一个有官方地位的人，几乎没有机会参与到会议中！作为委员会的主席，我负责在会议的总结阶段起草最终的提议。这个提议将主要对专家们建立国际植物遗传资源保护网络产生一些影响。

尽管并不隶属于这个组织，其他一些机构也直接参与了植物保护的互补组织网络，包括日本、澳大利亚的国家种子贮藏室、联邦科学与工业研究组织以及在德国东部的中央植物栽培研究院。其他组织和政府机构也在维护这个网络，以保护或古老或数量繁多的作物品种和育种材料。这包括苏联的瓦维洛夫研究所，以及实行作物资源保护项目的美国农业部。该项目拥有位于科罗拉多的当时世界上最大的种子冷藏库的国家种子储存实验室，但在将来它也许会被全球种子库所取代。

1971年联合国粮农组织创立了国际植物遗传资源研究所，旨在协调不同种子库和研究中心之间的活动。之后它演变为位于罗马的国际生物多样性总部，并在全球设立了 16 个分部，有三百多名员工。在 1975 年，世界上只有不到 10 所机构为遗传资源的长期保存提供了足够的设备。而到了 1982 年，这一数字增长到了 33 个，二十五年以后，这些机构遍布全球近一千个地区。在不到一个世纪的时间里，遗传资源保护已经成为全球范围内规模最大的运动之一。

欧洲植物育种者协会成立了一个国际基因库委员会，协调欧洲和地中海地区的基因保护，特别是种子的长期保存。作为联合国粮农组织的专家小组之一，伯明翰大学植物分类学教授杰克·霍克斯（Jack Hawks）担任委员会的主席，委员会的各个成员都是来自各参与机构的代表。霍克斯以他改良保护马铃薯的贡献闻名于世。即使其种子对于新品种培育起着巨大的作用，但实际上马铃薯是唯一一种种子与作物生长本身没有太多关联的常温作物。

霍克斯与瓦维洛夫相识后也深受他的启发，可以说瓦维洛夫影响了他接下来的职业生涯。他曾参与过多次针对南美洲土豆的收集探险，除去一次从 1938 年到 1939 年，持续了八个月，其余的探险大多只持续几周，但同样艰险。他也曾在安第斯山生活工作过三年，这让他有机会充分了解当地的植物生长模式和分布状态。另外他能够用最公正而友好的方式来与工作对象沟通，他既阐述常识又照顾对方的学者尊严，这使对方在受到启发的同时也不会觉得丢面子。

我将委员会的住所从苏塞克斯的威克赫斯特搬到了皇家植物园克佑区的种子银行。种子是克佑区及其他各地类似的园区植物收集的一个关键部分，自 17 世纪以来，欧洲的植物园之间就开始进行种子交换。因此，许多植物园可以从各地种植的植物中获得种子来丰富其收集目录，在 20 世纪 60 年代初期，就已经有许多植物园每年的目录里包含了上千种种子。但在 20 世纪 60 年代中期，克佑区以及世界各地其他类似的园区整合收集的植物品种就很难保证准确的分类和有效的应用了。

如果我们要重视收集种子的实际效益的话，分类标准就必须得到改善。克佑区种子银行只能在六月中旬和十月末收集种子，为了及时完成有效的种子清单，所有的工作都是紧赶慢赶着完成的，检查种子质量、排除分类错误的工作甚至基本要压缩在一天时间内，所以很难尽善尽美。为了完成这些工作，我们必须在低温的环境下储存干种子以保留额外的时间。在 20 世纪 60 年代一个名为"种子单元"的新型种子库开始应用于克佑的种子收集区，虽然克佑区的种子数量有所下降，但其质量得到了大幅提升。

这种种子单元的技术无论是应用在克佑区还是应用于皇家植物园都应当基于一个原则，那就是被收集的野生样本需要详细记录收录地点、收录时间和收录者。同时，诸如临近植被的描述，当地土质、气候等栖息地的特性都应当被详细记述（图 40）。

种子银行的初衷是为了提高克佑区以及英国皇家植物园所收藏的植物种子的质量，可以说这是具有历史意义的。我们将要面临的新挑战是建立并经营一个致力于长期保护世界自然植物种子的种子库。面对世界范围内植物种植区受到的威胁，种子银行提供了唯一可行的方法来保护这种多样性。它并没有取代维护作物的原生生长习惯的保护方式，而是提供了一种更高效、更有经济价值的非原生保护形式。

杰克·霍克斯收集了生长在南美洲安第斯山脉和太平洋海岸线的无数马铃薯样本，有些生长在农田里，有些生长在野外。他利用后者的基因来向商业组织介绍马铃薯抵抗疾病的经历，这使他比大多数人更能意识到野生物种的价值。他为了确保在克佑区的种子库能顺利运行付出了很大的心血，其他有过人工种植经历的委员会成员对储藏野生品种种子的想法表示惊讶。他们认为与其保存野生的品种，还不如储藏一些更能带来经济效益的作物品种。那些人把霍克斯的努力当作一场滑稽的笑话。

位于莱顿的亨利双日研究协会的创始人到达威克赫斯特的圣劳伦斯山之后，拜访了如今被称为"有机花园"的位于考文垂附近的种子库。他想挽救英国那些过时并且违反了欧洲法律的古老蔬菜库存。

随着蔬菜实验越来越广泛地被人们所熟知，一包蔬菜种子上印的各种名字一度成为由某种植物的种子所衍生出的近似品种。即使生长出来的作物在各方面都没什么差别，半打花椰菜种子也可能被给予各种各样的名字。另外，也有很多蚕豆播种者声称他们培养出的蚕豆是与众不同的特殊品种。

当英国加入欧洲的国际市场时，一个促进经济一体化的国际组织雏形逐渐出现，直到1973年，一个能成熟地处理这些市场问题的机构才正式建立。任何想要出售蔬菜种子的商家都必须先获得许可证，而许可证只有当监管部门的检查员确定种子被准确地命名，并且会生长出与该名称的种类相匹配的具体特性时，才会被发放给商家。任何被发现卖无牌种子的人都需缴纳巨额罚款。

这些贩卖"盗版"种子的现象逐渐消失了，也许除了那些创造者，没有人会对它们的消失表示哀悼，但这意味着被挑选出的东西也少有令人满意的成果。昂贵的执照还需要定期更新，这使它们的维护花费很高。只给能吸引到大量购买者的物种和开始在列表中消失的销售量较小的物种发许可证才是合算的。劳伦斯·希尔斯（Lawrence Hills）的任务就是拯救这些受到威胁的物种，然后使它们被种植者们接受。

他们的救助工作没有遇到太多的困难，希尔斯被"那个他感兴趣多年的寒冷贮藏环境可以提供安全、有效又经济的方法来保存大多数种子"的说辞所说服。避免它们与欧洲的管理规定冲突就被接受的方法则更加独出心裁。位于有机花园的蔬菜种子库就是一个很好的例子，它有适中的规模，并且做出了一定的成果，也改变了人们对"技术只服务于保护富有经济价值的资源的大规模项目"的印象。使用安全的干燥剂，比如二氧化硅来使它们变干，和在寒冷的环境中用密封的容器储存它们来长期保护种子，是完全可行的。这类技术的主要限制在于只有经过干燥处理的种子能在零度以下的环境中贮存。体积大的种子（例如橡子之类的种子）含水量在30%至50%之间，当水分耗尽时，它们就会死亡；而如果水分没有耗尽，它们就会凝结成固体，然后在冰点以下的温度中死亡。所幸，农民们和园丁们所投资的大多数种子能很好地度过干燥的时期。

美国农业部建立初期的部长——詹姆斯·威尔逊（James Wilson）在大卫·费尔柴尔德的领导下在马里兰州的贝茨维尔建立作物及种子精选研究会，距今已经过去了一个多世纪。这个部门的责任范围是收集有用的植物的种子，把它们妥善保存以便将来使用或当作繁衍后代的材料分散出去。这个组织的野心和责任已经超乎想象，位于柯林斯堡的种子库的冷藏功能已经改变了它的效用，但它的目标几乎不会改变了。近几年，美国国家植物种子计划每年持续给来自一百多个国家的研究人员、植物种植者、制药公司、园丁等提供了十万种子样例。

　　"基因资源是人类的共同遗产"这个共识已经成为美国农业部的基本条款，而不管主动与否，这一条款已经被各地的人接受。瓦维洛夫并没有获得他拜访的国家政府收集种子的许可，他和这些国家的植物学家和植物种植者只有非正式的相互支持关系。当弗兰克·梅耶进行他遍及中国、几乎横穿中亚大陆的徒步旅行时，他通过收集种子等丰富了美国的农业资源。因此，即使梅耶获得了土地所有者和当地农民的许可从他们的土地上收集资源，也从地方治安人员和其他当权者那里获得了所在国家的旅游许可和护照，但他没有从政府那里申请收集种子和植物的官方许可。大多数政府官员会认为他的做法很疯狂，申请无疑也会被拒绝。但在1970年，当克里斯·汉弗莱斯和我代表基尤的种子库去巴尔干地区的时候，从南斯拉夫、希腊和保加利亚政府寻求收集工作的官方支持是没有任何问题的

　　如今，我们应该对这种如"生物海盗"般不负责任的行为进行谴责。"植物对于所有人来说都是免费的""可以把它们集中起来、利用任何手段从植物身上获取利益"，这些简单而易被接受的事实已经受到了挑战。虽然大多数的收集工作从来不会获得更多价值（通常来说它们只会产生花费而非资产），但其中一部分确实

是弥足珍贵的。杰克·哈伦从土耳其收集到的染病小麦植株上的锈病病菌的基因，实际应用到了美国西北部种植的每一种小麦上。最常见的三叶草、车轴草等用作牛马饲料的作物的收集工作，不用进行修改就能提升几万公顷放牧地的放牧质量。在发达经济体中，从植物中获得的医药品为很多首先从植物采集工作中受益的公司带来了财富。在1876年，亨利·维克汉姆（Henry Wickham）（善于发现重要机会的冒险家）在巴西采集并送到位于基尤的皇家植物花园的种子为橡胶工业提供了植株。很多被采集种子的国家都有一种被利用感，而寻找更公正的利益分享方法的呼吁也越来越强烈。

很少有人认为这是自然公正的，但提出一个各方都满意的解决方案却是难上加难。被很多人引用的美国农业部的规定指出，基因资源是全人类的共同遗产中利用价值最高的。我们几乎可以这样定义，它让富有的国家获得更多利润，从贫困国家汲取开发利用资源的秘诀。收集者和提供者之间的鸿沟需要更多官方的安排来平衡和弥补，从而尽可能保证后者的利益。早期的补偿方式趋向无偿分享采集到的任何资源，而非通过许可单方面收集样本。但仅仅在我访问巴尔干地区的几年后，来自基尤等地的植物采集者不得不放弃这个契约。在我的巴尔干之行时，把辛苦收集来的一半成果留在一个既没有经过培训的专业人员也没有能充分利用它们的硬件条件的国家，简直就是一种毫无意义的浪费。

在1992年在里约热内卢召开的联合国地球峰会上，这种情况在一百八十多个国家签字的《生物多样性公约》中被提出。在此之后，明确了"每个国家对其植物和其他自然产物有着至高无上的权利""这样的资源只能被经由政府同意的个人或组织采集和利用"这样的原则。公约强调了发掘这些资源价值，以及在达成共识之后开展有针对性的实施和安排工作的重要性。它同时将人们的注意力引到了这些需要被尊重和保护的关于植物资源的传统知识上来，并强调了它们的关键所在，但它忽视了妇女在保护和利用农作物以及野生品种方面的重要作用。它首次引入了伦理以及和平的原则，且这些规定对公约的签署者具有法律约束力。

实际上目前最需要解决的问题是忽视农民以及他们的祖先为了保护地方珍贵品种所做的贡献。在认识到"农民权利"这一概念之后，人们基于植物种植者的法律权利，让他们从相关活动中获取收益以解决这一问题。采取立法的方式也许很激进，但只要立法机构想做，它们可以以这是有特殊要求的例外为借口对其置之不理。

与规定和措施的制定相关的法律纠纷和政治游戏年复一年地发生着，随着讨论的逐渐加深，一个针对这些模糊的利益纷争、较为完备的解决方案渐渐浮出了水面。知识产权的相关保护条例变得更加严格，适用范围也逐渐扩大。在跨国组织中，知识产权保护逐渐向着制度化、体系化前进。最终，农民权利问题因法律论证和实用主义而被限制、削弱和边缘化。

农民权利的缺失与植物遗传资源价值的提升呈现出明显的反差。随着植物保护立法的潜在价值越来越高，其他更有组织性的强大的利益争夺者们决心抓住这次机会。同时，随着绿色革命在全球高科技农业区的广泛传播，为了维护育种者的利益，鼓励他们继续工作，相应的立法程序也正在推进。这能够生产小麦、大麦、玉米、水稻等农作物的新品种，同时也能带来巨大的经济发展前景。

大型跨国公司代替政府成为这一领域的主要参与者和领导者。它们的加盟大大促进了全球范围内公共部门对植物育种的支持，同时也带动了越来越多的私人企业对各种研究项目的投资。

这一发展推动了世界范围内植物遗传资源的收集和保存，并使这些资源物尽其用，免费提供给需要的种植者们。但有人警告说这一举动将颠覆以公共利益为基础的服务理念。联合国粮农组织的厄纳·班尼特就由于对于跨国公司的顾虑而于1982年辞去了职位，担心跨国企业将不断利用知识产权保护攫取更多的利益。

20世纪后期人们的观念出现了普遍弱化，以植物遗传资源的收集与分布为例，人们认为这些知识只是科学家们用以相互交流而需要掌握的，是他们理应为社会做出的贡献。人类坚信自己是自然宝库的守护者，但是在金钱利益面前，我们开始觊觎这些本不属于自己的财富。守护者精神逐渐被各种个人与企业不顾一切地攫取利益的行为所侵蚀。由个人的利益来推动全体的共同利益，对于全人类的福祉甚至生存都是极具风险的挑战，稍有不慎就有可能造成巨大的灾难。

克佑区种子库的人在20世纪90年代逐渐认识到如果想要保护地球上大片受到威胁的植物，就需要大量的人员、设备设施以及资金。与此同时，英国千禧年委员会表示，它打算大量拨款，以恰当合理的方式庆祝第三个千禧年。有机构声称可以保护这些植物直到第四个千禧年到来，这样它们就有机会拿到专项资金。结果，在申请资金时，它们被要求把种子库改造成国际设施，并且在不超预算和规模的基础上操作，这就使其之前的努力显得微不足道。它们的目标是在 2010 年以前收集两万四千种野生植物的种子。这些可以通过植物所在国的植物保护机构安排进行。重要的是要制定公平合理的方案，确保能收集到种子，开展针对种子银行事务的技能训练，学会保护植物以及帮助植物更好地生长，并把这些技能教给当地的参与者。不同来源的种子都会被纳入这个机构，但重点是干旱地区——与大部分地区相比，这里的人生活不够富足，并依靠当地传统的耕作方式生活。在各地资金的充足补给下，这项工程在 1995 年 12 月得到了将近三千万英镑的资金。这座千年种子库在 2000 年 11 月 20 日正式成立（图 41、图 42）。

　　种子库的设立是为了收藏、保存和分享植物育种学家以及成千上万植物研究者们收集的各种资料。尽管厄纳·班尼特认为大企业会影响组织的行动，但事实上大企业更多地参与到利弊权衡中客观地说并不影响这个进程。然而种子银行应当是将个人收集者提供的资源进行整合然后确保利益公平地分享资源的平台。事实上，《生物多样性公约》的法律规定几乎都是本着这样的原则设立的。

　　此举旨在通过法律的手段奖励和保护农民一直以来在生产基因库中的地方品种所作出的努力。在不久的将来，基于种子技术，种子银行中的资源可以进行更公平的分配，这对于世界各国，尤其是一些不发达国家，能带来巨大的利益，养活更多的当地居民。

　　尼古拉·瓦维洛夫和大卫·费尔柴尔德分别在苏联和美国将种子收集作为让育种者更容易获取植物遗传资源的一种方法，他们的种子库也许更能适应技术上更为发达的社会。然后，正如我们所看到的，使用种子库来保护这些资源，并能无限期地保存它们以供将来使用这种发展前景，引发了全世界的关注和努力。这种努力最终在 2006 年见到了成效，水稻、小麦和玉米的保存成功率达到了95%，其他主要农作物的保存成功率也相当高。现在种子库已经进展到了第三阶段，越来越多的人开始关注这一技术，它所带来的植物的经济用途和价值还有很大的发展空间。这给发展中国家提供了应用种子库、采取更先进的技术种植和研究植物的机会。这将是一次有趣的尝试，正是因为现在利用植物的方式多种多样，我们才有机会去突破以小麦、玉米和水稻为基础的传统农业经济形式。

结　语

未来的前景

在1798年，牧师托马斯·马尔萨斯在其著作《人口原理》中，认为"人口增长的力量远远多于地球供人类生存的力量"。换言之，他相信人口会比地球生产足够食物的能力增长得更快，而且会超过19世纪中期可用食品的供应量。这个观点和马尔萨斯从中得出的结论激起了持续到现在的争论。然而，马尔萨斯关于人类和食物供应的可怕预测并没有发生。农业科学的干预确保了在食物公平分配的前提下，食物生产能跟上人口的增长。

现在地球上的人比以前多了很多，这些增加的人口都需要庄稼、居所、药品和其他生活必需品。然而，我们也面临着人为导致的环境变化，有些植物可能走向灭绝，作物自然变异，它们的近亲近缘种也将持续被无情地侵蚀。这个问题一定会出现，无论我们是否已经做了足够多的工作。如今问题还没有明确的答案。本书描述了已经尝试的努力，以确定了人类使用的植物进化资本不会被浪费。

　　植物为了适应改变的环境，必须继承选择性的变异。此外，植物和人类需要时间来适应变化，否则，人类不得不减轻他们造成的影响。时间是重要的演化因素。我们今天所使用的植物是数千年中在不同环境下交叉和选择的产物。在完全不同的背景下，法国历史学家费尔南·布罗代尔（Fernand Braudel）认为时间有三个级别，并且通过海洋运动的隐喻来解释。第一个等级像大洋运动，比如墨西哥湾流，象征着环境，并且与缓慢而不可知的变化相关。第二个等级像潮汐和海面的起伏，象征着气候和社会的变化。第三个等级像水面的浪花，象征着快速的变化，这种变化在人类层面上经常是政治性的。如果布罗代尔的想法适用于我们看到的植物变异，那么第一个等级就是和野生植物的自然分裂相关，作物的野生近缘种及不同的植物群有机会进化成作物。第二个等级包含从不同人群和这些野生近缘种与地方品种交互作用中选择出来的作物种类。第三等级包含自然人口的意外变化，简短的现代作物耕种的历史。每个等级中，种子是基因被保护和遗传到下一代的方式。

　　20世纪80年代以来，科技和知识的发展使变革已经变得惊人。计算变得迅速、便宜，全球电信系统使电脑间大量数据的输送愈加平常。计算不断发展，人们只要按下一个按钮就可以在电脑中看到来自全世界的影像，通过GPS系统可以实时得知自己的精准位置，照片的拍摄也不再需要费用，前往大部分城市的飞行时间短且价格低廉。

　　同时，达尔文的伟大想法——进化的证据变得不可置疑。我们可以揭开地球上任何生物的DNA代码，因此我们对生命之树的理解水平大幅度提高了。如今我们可以研究物种的来源与它们被时间和空间分裂的路径。而且，我们可以合理地控制不同组织的遗传，甚至通过很小的一部分创造出单一的生命形式。我们有着比以往更多的关于自然界的资料，但是我们只能刻画很少的一部分。然而，我们所依赖的环境，我们在过去一万年里努力去脱离的环境，正处于危机中。

基因库是种子库的一种类型，是植物变异可能在未来被保存下来的方法（之一）。它们是变异物种的挪亚方舟，正在寻找方法保护多样的基因不让它们灭绝，那里（方舟上）都是植物，有数千种物种的样品。千年种子库坐落在英格兰南部，正像20世纪90年代后期民众所想象的那样。斯瓦尔巴德岛种子库坐落在近北极的地方。如果种子库没有被适当地管理，那么保护理念会僵化而危险：仅仅存在虚构的墓穴和物种博物馆。本地种子库已经被批判了，因为它们缺少科学严谨性。没有国际积累的科学严谨性意味着对一些种子的保护方法未必可行。随着人们变得不怎么回溯过去，遗传种子库就算已经确定了种子变异的幸存物，也不再收集它们，即使它们也许包含着对未来很重要的基因。更糟糕的是，种子库也许已经变成了政府供奉的一个庙宇，似乎确信它们已经为了保证人类社会的安全做了足够多的事情了。

本书最后一章的主要内容是人类将要面临的大部分环境挑战。虽然前景是黑暗的，但是植物会帮助我们减缓或者适应这些改变。有限的陆地上有四种物品的地位会竞争性地上升——生活的地方，作物占地，燃料，以及需保护的土地。世界范围内的四种作物（小麦、大米、玉米、糖）提供了人类摄入卡路里的60%，可以作为液体燃料资源直接利用的植物正在被研究。为了控制传统作物，需要发现新方法，而且新物种也需要像作物一样被研究。

一万两千年前，当小麦和大麦在近东第一次在被种植的时候，地球上有一百万到一千万人口。到了公元后，全球人口是 1.7 亿到 4 亿之间，在英国农业刚开始。大约 18 世纪的时候，全球人口上升到了 8 亿到 11 亿之间。1859 年，当达尔文的著作《物种起源》发表的时候，全球人口上升到了 11 亿至 14 亿之间。在 1943 年瓦维洛夫去世的时候，世界人口到了 24 亿到 26 亿之间，如今人口大约有 69 亿。到 2050 年，这个星球上有可能会有 91 亿人。

然而世界人口并没有平均分配。亚洲大约占了世界人口的 60%，有 41 亿人；仅中国和印度就占了约 37% 的世界人口。非洲的人口目前约有 9.8 亿（大概是全球人口的 12%），预计在 2050 年会上升到 20%。相比较，欧洲人口大约有 7.2 亿（约占 10%），但是在 2050 年预计会降低到 7%。北美的人口（约是全部人口的 5%）预计会在未来五十年间保持不变。不平均的人口分配及其未来趋势是很重要的，因为地球上一些区域是最好的多样性植物物种的生长地区。

在 1968 年，生物学家保罗·埃尔利希（Paul Ehrlich）重演了马尔萨斯关于人口增长的争论，预计 20 世纪七八十年代会有广泛的饥荒。他的这些马尔萨斯式的预测是错误的。他低估了农业研究的影响，特别是在食品生产上的绿色革命。绿色革命的红利是稳定的，农业产出大幅提高，全球谷物产量在 1950 年到 1984 年间增加了 250%。然而，这些增长量需要繁殖遗传统一的作物做保障，利用史前光合作用的遗产来生产肥料、杀虫剂和能量。有充足利润可获的便宜食品的假象让英国一些城市对农业研究自满。然而，在新千年的初期，食物价格的上升开始改变这一现象。为了跟上人口增长的步伐，联合国粮食及农业组织成立了，全球食品产量在 2050 年前将不得不增长 75%。农业生产力增长比率很低，因此需要新方法和土地作物的产量持续增长。

为了提高食物产量，人类改变了自然风景。森林被夷为平地，沼泽被耗尽，草原变成了耕地。然而高强度的农业不是 20 世纪 50 年代才出现的想法，它已实践了几个世纪，安第斯山脉、中国、南亚的梯田是过去两千年里伟大的创造（图 43）。这些社会成就是一辈辈的农民创造的，使得土地和营养能被锁住，作物能富有成效地生长。如今大规模的产地改变所造成的后果成为许多人关心的问题（图 44）。

亚马逊热带雨林的毁灭是人类对环境错误管理的真实写照（图 45）。西方艺术家和环保人士经常回想起人类破坏环境前的野外风景。在《农事诗》中，古罗马诗人维吉尔（Virgil）描绘了美好的意大利风景：这里的春天是永久的，夏天延续数月；母牛一年两次下崽，每年有两次树会给予我们水果；没有可怕的老虎或凶狠的狮子；没有欺骗敲诈的恶人。维吉尔描绘的风景大部分不是人为的，人类活动对地中海地区的影响是极大的。爱德华·埃尔加（Edward Elgar）创造的典型英国风景是许多代农民以陆地为模型创作的。人口的增长、风景的变化并不是均匀分配的。大多数发展中国家的自然栖息地已经被大批破坏了。

目前大约三分之一的陆地变成了农业区，但是很多肥沃的农地也被遗弃了。过去四十年里，大约三分之一的农地（也就是九分之一的陆地）因为土壤侵蚀被遗弃。从化石燃料中得到的肥料被用来提高被侵蚀土壤的肥力，但是上层土壤不会简单地被代替。就是在农业条件下，估计也要花五百年的时间来形成约 25 毫米的土层。当肥力降低，农地也会因边缘的改变被简单地代替。地球上的野外土地继续消失。超过 40% 的自然土地正在发生转变，不到 25% 的土地还保持完整。大部分在极端环境下的土地相对而言没有被人类影响，比如极点、高山的山顶还有沙漠。到 2050 年，90% 的陆地将会被人类活动影响。

保持人类食物供应量需要依靠土壤肥力、清水、能量和生物多样性。把土地转变为农地是为了支撑人口增长带来的水资源、能量供应及其他物种生活的负担。森林能使山坡稳定，能阻止土壤的减少，发挥着类似水库的功能。然而，它们减少了可用于农业的土地的数量，相较于其他人类活动，它们消耗了更多淡水。比如，如同国际足球场大小的玉米地，就需要大约奥林匹克运动会游泳池一半的水量来生产农作物。在过去十年里，能量供应成了严肃的问题。燃烧木材是世界大部分人口所需能量的直接来源，像乙醇和生物柴油这样的液体生物能源，就引起了西方政府战略性的兴趣，因为它们关心气候变化和化石燃料供给的威胁。越来越多的燃料也涉及栖息地的改变，然而，土地从种植地转变到燃料生产用地或产地也破坏了燃料的发展。

我们可以根据对人类的直接益处来阐述保护栖息地和物种的理由。非作物的生物对于食物生产是重要的，也会被人口增长所影响。作物的自然敌人鼠疫可能会被消除，作物疾病会增加。细菌和真菌能固氮，分解死去的植物或形成可能消失的土壤。2005 年德国和法国的科学家估计全球由传粉昆虫（工作）产生的经济价值大约为1530亿欧元。传粉昆虫减少，食物和种子生产也会减少，人类不会乐意代替这些服务。

人为的气候变化正在发生，它对地球生命的影响会扩大。地球的气温由从太阳获得的热量和散发到大气中的热量的平衡决定。温室气体（如二氧化碳和甲烷）造成热量消散的障碍，这对于地球上所有生命都是决定性的，植物和动物也是如此——没有它们，地球会比现在冷得多。大气中的温室气体越多，地表会越热，相应地越会改变植物生长的环境。温室气体之一的二氧化碳被植物吸收，在光合作用的过程中，不会对大气有害。陆地动物通过食用植物获取碳，所以碳在食物分解的时候又被排到大气中。

但是，如果生物不腐败，碳就会被保存。3.5亿年前，植物和海洋生物在大洋沉渣下被分解，形成了煤、煤气、石油等燃料。工业革命加快了19世纪的步伐，人们开始大规模消耗燃料。碳释放到大气中，提高了温室气体的浓度，因此地表温度会上升。

二氧化碳的浓度可以测试，经常用每百万之一的体积（ppmv）表示。人们常常用困住小空气泡的冰芯研究过去地球是什么样子。数据显示18世纪末前二氧化碳的浓度为280ppmv，20世纪50年代末上升到316ppmv，如今已达到387ppmv。过去六十五万年间，二氧化碳的浓度幅度在180ppmv到300ppmv之间，人类活动在仅一个世纪内就造成了类似范围内的变化。气候的影响是戏剧性的，并被很好地宣传了。过去一百五十年里全球温度上升了0.76℃。最热的几年是1996年到2009年这个时期。

　　当然，对未来气候改变的预测是不准确的，它是以气候模拟的结果为依据的。联合国政府间气候变化专门委员会（IPCC）利用可得到的最好的信息，预测到 2100 年，全球地表温度会上升 1℃到 6℃。全球变暖会加剧洪水、干旱和热带风暴，会降低水和食物供应的安全性。IPCC 考虑更极端的情况，全球变暖的影响会更严重。超过 10 亿人会因海平面的上升而失去住处，北大西洋环流（包括墨西哥湾流）会使西欧进入寒冬和炎夏的循环。动植物的疾病模式可能会改变。数以亿计的人可能会面对严重的缺水和饥荒；全球变暖对经济的影响更严重，会增加大规模的移民和战争。全球变暖对贫困人口影响更大，讽刺的是，这些人住在植物更丰富多样的地方。

　　无论直接与否，从人们搬到更边缘的居住地开始，全球变暖就会加剧物种灭绝。环境会因为失去利用价值而像从前那样被人们放弃，被交给栖息地保护。

　　人口增长、居住地转变、气候变化和全球变暖的复杂问题成为更重要的争论点。社会可能会有两种回应方式。人们要么适应影响，要么企图减轻影响，希望不利变化的比率和量级减小。人们采取了自我适应、经济缓和、环境保护等手段，还利用了有效适当的信息和科技。然而结果仍是不确定的。缓和影响所需的费用很高，适应的费用更不知道要多少。不确定不是无所作为的借口，我们不能因为其复杂性和困惑而变得无力。如果作为需要很大的开支，不作为至少也是一样的（甚至更多）。

　　利用生物多样性来减少气候变化的机会将由于生物多样性减少造成的全球变暖而减少。而且，气候变化潜在地减少着农业多样性，这可能会反过来帮助农民应对变化着的环境。野生作物近缘种的消亡以及必要特性的遗传（如抗旱抗虫性），是特别的关注点。以电脑模型为基础的研究预测到了 2055 年，气候改变会使将近四分之一的野生豇豆、花生和土豆消失，剩余的总数会被限制在一个很小的范围内。当植物总数变得更少，它们所包含的基因变异的数量也会跟着减少。对于少量会近缘种交配的植物来说，这也是个好机会。这会增加有害变异被揭示选择的数量，而进一步减少基因总数。各个物种将被卷入一个减少的旋涡（即"灭绝旋涡"），最终灭绝。

对于许多植物 —— 特别是经济作物 —— 的保护，人们有理由尝试最大化基因变异来保护物种，以此来使物种进入旋涡的风险最小化。因此人们更努力地调查研究种子库捕获的基因变异的数量。其余的项目，包括可估算的基因流动和自然物种总数、对野生和栽培基因的混合的监督，都是标准的实践研究。

在 20 世纪 20 年代，苏联遗传学家尼古拉·瓦维洛夫认识到基因对植物保护和繁殖的重要性。减少作物多样性的后果在疾病进化时显露出来。在 1970 年，传染性的南方玉米叶枯病使美国玉米产量减少了 15%。从佛罗里达州开始的流行病，波及了北部，但只影响了含有雄性不育基因的玉米。由于这些基因在玉米育种里广泛应用，这种疾病影响了美国大部分玉米种植区。为了防止疾病的传播，人们有必要确定不存在相同遗传型的单一栽培植物。中国农民通过同一田地中不同大米的变异来提高其抵抗稻瘟病菌的能力。作物品种和它们的近缘种的多样性像投资一样，平时放在一边，在新疾病出现的困难时期，种植者可以使用基因"储蓄罐"。这些基因"储蓄罐"的重要性由一个事实表明出来 —— 在 21 世纪向农民发放的花生新品种中一半以上已经直接从它们的近缘种中融合了一些特性。

　　基因研究是过去二十多年研究自然界的有效方式，在结合了生态分析时更是如此。基因让我们研究得更细致，特别是在人类文明和生活方式所依靠的十分有限的传统作物的方向上。当环境改变时，传统作物需要适应，需要寻找新的商业作物。

　　发现植物的来源是更明智的做法。对于野生植物而言，这使了解物种间的关系成为可能。至于已被培育的物种，则可以自主地而不是随机地合成作物，能够选择培育时已知的重要性状。大米是重要的谷物之一，同时也是一种基因变异很大的作物。国际大米研究所的大米种子收集量超过了十万。培育大米的过程中，选择不易碎基因使大米需要依靠人类生存，反之亦然。确定亚洲大米来源的数量，培育和野生环境的关系是需要思考的课题，同时有少量的特性是介于野生与培育作物之间的。然而，最近的基因研究表明长江地区培育的大米为单一来源。当大米从起源中心传播时，杂交周期、随机选择和种间差异造成基因的复杂性。我们现在依靠这些遗传基因的复杂性来培育新的大米品种，而未来也会如此。

　　选择理想基因或者淘汰有害基因对于提升农作物的多样性很重要。一旦确定的特质被识别确认，将会开始育种援助。基因可以用于识别有理想特质的植物，这个过程中会使用分子标记辅助选择技术。DNA 区域里与理想特质关联的地方被用来间接选择特质。我们可以想象在一个极大的粮油店里，有个小小的钢针，它藏在一粒特定的种子里，而你想要找出这个种子。找到那个种子最快的方法是利用强磁铁对小钢针的吸引力，翻遍整个粮油店来找出它。DNA标记用合适的技术能很快识别，就像钢针能很快被磁铁识别。考虑到植物总数，标记辅助选择是特别有价值的，尤其是当发现性状很难识别或是需要很高花费的时候。具体的例子（性状）有小麦叶锈病、大豆锈病和玉米的抗旱性。

培育植物的传统方式包括通过杂交过程操纵特定作物性状基因的频率，还有依靠无意识和有意识的选择。这些策略能使人类养活自己一万年。然而，现在由气候变化、人口增长和居住地消失所引起的生存挑战，使种植者开始考虑改变基因或者物种再构成作物的方法。这些方法补充完善了传统的培育方法。

1565 年，彼得·布吕赫尔（Pieter Bruegel）在《收割者》中画了收割者（图 46）。它的卓越有许多原因，不只是因为所展示的农民收获的小麦的高度。现在的小麦大约到成人裤裆的位置，还有到布吕赫尔的肩高的小麦。矮小麦能有更好的收益，是因为其汲取的能量会直接填满谷物而不是填满秸秆；而且矮小麦不易倒，这也能增加小麦的收益。矮秆小麦是现代植物育种的巨大成就之一，把"降低高度"（Rht）基因从日本小麦转移到了西方小麦上。矮小麦的起源地是公元三四世纪时朝鲜的白头山，在 16 世纪日韩战争时传到了日本。

过去二十年对小麦 DNA 的研究表明 Rht 基因在世界上传播有三种方式。Rht 基因传播最重要的方式是通过日本的小麦品种"Norin 10"。最初传到美国的是该种子的样品，喂了鲑鱼，美国农业部的小麦育种是在 1946 年观看日本研究站后开始的。1952 年美国农业部的农学家奥维尔·沃格尔（Orville Vogel）使"Norin 10"
和"Brevor"杂交，生产了在美国很有名的小麦品种"Gaines"。
"Norin 10"和它的衍生物转移到CIMMYT，那里的新型矮秆小麦
品种对阳光不敏感，这是20世纪60年代诺贝尔和平奖获奖者诺
曼·博劳格的发现。这个品种在全球发布，增加了墨西哥、印度、
巴基斯坦和土耳其的小麦产量——绿色革命以最高速度发展。Rht
基因传播至全球的另两个途径都是从日本经过意大利。一个是在
20世纪初转移到南欧和中欧的半矮秆冬小麦。另一个是"二战"
前从意大利到阿根廷，再从阿根廷到欧洲，"二战"后到达苏联。
矮秆对于很多作物都是有利的，但是很多作物不能和小麦混种，因
此Rht基因无法以这种方式传播。利用生物科技，矮秆基因有了传
播到更多作物里的潜力。

　　转基因是用于描述包括奶酪、面包、葡萄酒等生命有机体制作
过程的生物技术的术语，现在和遗传修饰是同义词。关于转基因技
术的讨论始于20世纪90年代期间，特别是在欧洲农业极化的背景
下展开的。支持者认为转基因技术和传统植物育种没什么不同，只
是保证未来人类食物生产安全的方式罢了。反对方认为这是非自然
的，转基因技术作物是危险的，而且对环境的影响很严重，转基因
技术一旦使用就不能回头了。21世纪初期激烈的辩论在某种程度
上描绘了传统育种像老鼠穷其一生来认识地里的庄稼一样可怜（20
世纪60年代有一个种植者以此指责绿色革命）。新的种植者被描
绘成实验鼠，他们对作物没有概念，只是"有机体"对"健康"和
"化学"的不经思索的速记，这等同于"毒药"，因此在民众的想象
中转基因与怪物相关联。

第一个转基因植物在 1983 年出现，不到 1994 年 FlavrSavr™ 西红柿就商业化了 —— 为了得到更长的保质期而改变西红柿的基因，这样它可以在被装船销售前保持新鲜的味道。FlavrSavr™ 西红柿酱被销售到英国，伴随着撤回后的风波，转基因玉米不恰当的营销手段在 1990 年代引入了欧洲。2006 年转基因作物的种植面积超过 1 亿公顷，到了 22 世纪将由一千多万农民种植。主要作物是油菜、玉米、棉、大豆和苜蓿，大多分布在美国，而欧洲几乎不种植转基因作物。除了转基因作物有限的范围，商业特点的要求也对其耐除草剂和抗虫害性有很大的制约。在 2006 年美国抗除草剂的大豆占大豆种植面积的 87%。美国 60% 的棉花种植面积是转基因耐除草剂的，52% 是抗虫害的。美国 35% 的玉米是抗虫害的。大多数抗除草剂作物是对孟山都公司的 RoundUp™ 除草剂产生了抗药性。抗虫害作物充分利用土壤中苏云金杆菌的基因，生产一种叫做 Bt 毒素的杀虫蛋白。不同的苏云金杆菌会使作物产生不同的 Bt 毒素，每种都针对特定的昆虫幼虫 —— 有些杀死飞蛾和蝴蝶的幼虫，有的是甲虫和臭虫。Bt 毒素在有特异性受体结合毒素的昆虫肠道内被分解后才会有毒性。这说明 Bt 毒素对哺乳动物无毒害。

尽管被引入到经济作物中的基因是有限的，还有许多基因在实验室中被研究着。这些基因与多样的抗虫性、农艺性状的表现、耐逆性甚至药品的生产都有关联。抗虫性基因通过保护作物不受真菌和昆虫的侵害来提高作物的抗虫性。举个例子，将墨西哥野生马铃薯的基因转移到种植马铃薯上，能使转基因马铃薯在各种竞争之下存活下来的概率增大，比如 19 世纪在爱尔兰由真菌导致的马铃薯饥荒。提高了包括作物产量和氮利用效率在内的田间表现的特质，比如基因导入植物、阿拉伯芥，增加氮含量，在氮限制下提升了生产力。解决压力容差，比如高盐、高低水供应，还有极端温度，是遗传工程师的另一个目标。转基因西红柿生长在浓度约为 40% 的海水中，而西红柿果实的钠浓度很低。改变植物的营养品质是最富戏剧性的，这一点被富含维生素 A 的黄金大米的创造证明了。

维生素 A 缺乏会对公众健康造成很严重的后果。每年全球有 25 万到 50 万的孩子因为缺乏维生素 A 而失明，而且他们中的一半会在 12 个月内去世。联合国粮农组织提出了缓解维生素 A 缺乏的策略，包括在尼泊尔分发维生素 A 药丸或在危地马拉发放强化糖果，并且都取得了不同程度的成果。将维生素 A 掺入主食，比如大米，是更有效率的。第一代黄金大米的转基因品种有很高浓度的维生素 A 前体，由引入三个新基因实现，其中两个基因来自水仙花，另一个基因来自细菌。第二代黄金大米的品种用玉米的基因取代了水仙花基因。黄金大米的培育对世界性的维生素 A 缺乏并不是完整的解决方案，但是两个品种都在亚洲大米育种项目中使用着。

用转基因技术培育新的作物品种需要巨大的投资，犹如制药公司需要庞大的资本来制造新药。因此农业公司认为必须收回成本，获得利润和知识产权。其方法就是利用基因限制技术发明出了保护转基因作物品种的种子。所谓的"终止技术"是使用限制技术的具体遗传类型，自从 1998 年首个专利开始，就吸引了特定的公共伦理道德上的注意力。"终止技术"包括将特定基因插入植物品种，干扰蛋白质合成，防止第二代种子萌发。优良的种子不能从一代传到下一代，因此农民必须每年从公司购买新的种子。

发展中国家的商业化农民，需要进行常规饲养、种子杂交，对现代农业很熟悉。发展中国家的农民在接下来的一年里传统地保存了种子和植物，种植含有"终结"基因的作物则意味着他们不再从事传统农业。而且，这些农民和跨国种子公司相关联。其余的担忧则包括存在潜在的可能，被"终结"的作物会将这种"终结"基因通过授粉传递给其他近缘种群等。在农民、保护组织和政府的抗议风暴之后，种子公司不允许"终结技术"商业化，尽管这种技术依旧存在。

事实证明，尽管存在潜在的社会环境劣势，采用"终止技术"会推动公司发展并借此来投资培育新作物，并使它们能更有效率地保护知识产权。有人认为含有"终止技术"的种子会不育，因此基因到达野生近缘种上，或者非粮食作物向粮食作物的基因迁移都会被阻止。

生成地方品种的过程、未来经典育种的基础、标记辅助选择和遗传工程工作这些程序使转基因植物被提及、讨论时，也同时引出了有关环境的问题。很多作物能跨越物种与野生植物杂交，只要它们的产地和花期是重叠的。这种杂交也许能产生新基因组合，对下一代的种子来说，或会得到发展，或会受到伤害，或没有影响。这些过程中本地品种很重要。要想杂交成功，亲本植物必须在同一时间开花，而且距离必须足够近，花粉才能被传播到柱头上，使得种子可以成功生长，并适时发芽，由此出现新的种

群。如果是转基因抗除草剂作物与之杂交，就可能出现抗药性的
杂草。在加拿大，抗除草剂的油菜和杂草杂交，耐除草剂田芥菜
就会产生复杂混合的种群，抗除草剂基因也会在田芥菜中存留超
过五年。同时，这种抗除草剂杂草不仅仅针对转基因植物。它们
可能在任何作物的种植地里出现。传统作物中，抗除草剂杂草会
被用不正确的方法（像用除草剂或通过远交传递抗除草剂特性）
选择出来。

　　美国一个有关花粉在转基因抗除草剂的匍匐长绿草间运动的研
究表明，它的近缘种会被传递抗除草剂的基因。在一个季节里，大
多数花粉在盛行风方向上的运动位移少于 2 千米，有很少量的基因
能"流动" 21 千米远。三年后转基因所带来的扭曲基本消除，有
62% 的植物仍含有抗除草剂基因。在这些特殊情况下，抗除草剂
基因就存留在了野生植物里。这样的研究表明基因可以在植物间兼
容，转基因特性能够存留。这表明在作物近缘种丰富多样的地区，
转基因植物的种植需要极其谨慎。然而，关于环境或经济的基因移
动风险的再推广不是为转基因作物而准备的。具体案件情况研究需
要专注于作物，关注它生长的地点、方式和性状，就像非转基因作
物一样。

　　当 19 世纪 70 年代门诺派从乌克兰移民到美国，他们不仅把自
己的文化，还把他们赖以生存的种子带了过去。一些种子，特别是
硬质种子被称为"土耳其红"。在 19 世纪 30 年代，在美国中西部
开始种植冬小麦和春小麦，但它们易受干旱、大风、沙尘暴、寒冷
和病虫害影响。1896 年到 1897 年的严寒冬季，"土耳其红"是三
种能存活的小麦之一，随后正式的研究揭示了它的高耐寒性。起初

农民并不想种植"土耳其红",因为它对他们来说是很陌生的物种,还需要改变从前的制粉工艺。一个世纪后,两个美国农业部农业学家自信地说道:"'土耳其红'比其他任何硬红冬小麦产量更高,对批判者对平原小麦的质疑总是能做出很好的回应,是东南部谷物产业质量标准的依据。土耳其向现代品种贡献了祖先的印记,无硬质小麦品种缺乏这种血统。"

20 世纪前,法律与伦理很少考虑到植物收藏家和种植者的不便之处。植物的特性和伟大的发现均会被维护。安全旅行的许可在某些贫瘠的土地上是必要的,不过一旦专家亲临,就都一样公平了。对生物剽窃的指控是一些环保主义者、政客和游说团体的现代颂歌。种子收藏者的单色漫画像生态帝国主义的代理人,以拙劣地模仿植物收藏者来达成目的,就像大力士从果园偷金苹果一样。瓦维洛夫的植物多样性中心图清楚地表明,人类(居住地)移动到哪里,就会把植物跟着移过去,这种现象一直持续到现在。

凤梨草莓第一次出现是在 1749 年的布列塔尼,是美味的弗吉尼亚草莓和大草莓的杂交种。在犹豫再三后,南北美亲株的花园杂交种在世界范围内种植了。欧洲帝国主义力量在取得重要的经济作物上起到了极大的作用。例如,英国在 18 世纪时开始尝试使中国的茶树存活,在 19 世纪成功了。在 19 世纪末英国人查尔斯·莱杰(Charles Ledger)使用非法手段从玻利维亚收集奎宁树的种子,然后卖到英国和荷兰,到 1939 年形成了全球奎宁生产线的基础。自从在玻利维亚有了具体的法律,个人收集奎宁的行为就变成了非法行为,因为法律禁止除了政府以外的主体出口奎宁植株和种子。在

20世纪，伴随着19世纪末巴西橡胶经济被破坏，英国皇家植物园的名誉也受到了橡胶树种子收购的牵连。这些观点是建立在植物是全民财产的看法之上的——无论是谁研发它们都会（比英国皇家植物园）更有效率，获得更多的酬金。过去的生物剽窃影响无法被低估，因为植物的经济回报是很高的。社会成本，包括长期的贫穷、争斗、苦役和开发，都是花费巨大的。

20世纪，观点渐渐改变了。利益共享精神的重要性被公众认可了。然而，直到1992年，这样的看法才被《生物多样性公约》明文规定。这之后才有许多国家承认民族国家在它们的领土上有植物主权。其在实践中的意义引发了激烈的争论。发展中国家会通过分享商业化植物多样性带来利益，因为大部分的多样性来自它们国家。相反，有组织想以免费的方式开发植物资源，并认为有发现新专利的机会。国家与国际资本之间的复杂关系意味着认定特定植物的受益人是很难决定的。门诺派把"土耳其红"从乌克兰带到美国，但它们好像原本就是从土耳其地区收集的。乌克兰或土耳其并没有因为该基因确保小麦能在美国中西部种植而得到直接的经济收益。农作物是最富戏剧性的植物，它们产生相当可观的利益，但是它们的所有权很难决断。

发达国家申请专利——为植物和植物的产品在发展中国家被广泛运用——这种事是饱受争议的。1995年，欧洲专利局授予美国农业部和跨国公司印度楝抗真菌产品的专利。这遭到了印度政府的质疑，声称印度楝作为杀真菌剂在印度使用超过了两千年。2000年，欧洲专利局起初接受了印度政府的质疑，但2005年，在其上诉之后，欧洲专利局又撤销了其专利。另一个诉讼和墨西哥黄豆有关，用了十五年才解决。1994年科罗拉多种子公司老板拉里·普罗科特（Larry Proctor）在墨西哥买了一袋豆子，并运回了美国。他把黄豆分批种植，生产了大量黄豆。1996年普罗科特获得了黄豆种子"伊诺拉"的美国专利。有了合法所有权的文件之后，普罗科特开始起诉在美国售卖黄豆的公司，并阻止进口墨西哥的黄豆。2000年12月，作为国际豆子收集之乡的国际热带农业中心正式要求重新检查美国专利，DNA证明"伊诺拉"和其他墨西哥黄豆是相同的。这个案件上诉拖沓，直到2009年，美国上诉法院才宣布该专利是无效的。相关活动组织很满意，将烦恼抛至脑后，也没有对生物剽窃案做出裁定，但这对墨西哥农民产生了负面影响。

此时基因库处于一个尴尬的位置上，接受着关于生物剽窃的指责。2001年，在中央商务区的规定下，《植物遗传资源条约》得到批准；一年后，77个国家与欧盟签订了条约。条约做出了巨大的贡献，农民使作物变得丰富多样，建立全球体系使得农民、培植者和科学家能获得植物遗传资源，并在遗传物质和物质来源的国家间建立利益共享协议。条约成为引导基因库活动的主要手段，即使它因没有对发展中国家的权利有足够的保护而被一些组织批判，但无伤大雅。

植物所有权的讨论以及有关当地植物的知识，也许会很神秘，然而，拥有适当的植物或植物产品就拥有了潜在的巨大回报。全球药品交易，比如儿童白血病药物长春碱和长春新碱，都要和马达加斯加长春碱、紫杉醇隔离，抗癌药物与短叶紫杉隔离，每年需要上亿英镑。保护作物或产品也需要有资金支持，直接经济收益论被认为是有说服力的。人类短暂的生命意味着人们保护植物更可能是为了直接经济利益，而不是因为那些抽象的、长期的价值，此即"非用即失"理论。这些看法也许会发生改变，同时，气候变化导致的结果在 21 世纪开始产生影响。转基因植物的发展和转基因技术巨大的发展前景，意味着自然界正成为富有经济潜力的遗传玩具箱。然而，当一个物种被识别出有益的特性时，开发费用也是巨大的：精密的实验是必要的，管理人员必须训练有素，植物需要繁殖，产品需要评估和销售。基因库里的标本不会产生财务回报——如果遗传资源没有被保护，它们很有可能会永远消失。

　　（对植物的）保护工作需要下定决心去做并高效利用有限的资源。保护只是对物种施加相对的权衡。人们只有微薄的预算，如何确定中东草地、东南亚热带树林、安第斯山脉草本植物、欧洲蔬菜和英国蒲公英的老品种的相对重要性呢？当更有魅力的动物开始和植物竞争保护基金时，这个问题变得愈加严重。在 2004 年，有人把 1963 年制作并存储在种子库的种子取出，种植出已灭绝的雀麦草，并把它引进牛津郡种植。那么人们应该以灭绝是个自然过程为由，而限制保护资源在恢复灭绝的品种上的使用吗？应该把已灭绝的物种引入异域种植以恢复物种吗？

　　物种保护有多种方法。一些方法重在物种的栖息地保护它们，比如自然保护区和自然公园（就地保护），另一些主要是远离自然栖息地来保护，比如基因库和植物园（迁地保护）。就地和迁地方法都把对比节约理念作为核心。一个强调进化过程的维护，另一个强调进化终点的保护。简单地说，迁地保护是关于终点的保护，就地保护是关于过程的保护。目前保护项目主要以保护物种为中心，保护物种进化的终点而不是进化过程。显然，过程保护更困难，甚至是不可能的。

关于有限的保护资源应该如何使用的争论从未停止过。随着环境问题增加和时间的推移，这个问题会变得越来越重要，因为会有更多物种需要保护，资源将变得更加有限。对于是否应该实行优先保护，目前并没有单一客观的回答，但是基因库的确是很明智的决定，它能提供更多喘息的空间；这是就地保护的慰藉。基因库能分散风险，提高物种幸存的可能性。全球保险政策反对就地保护法通过消灭和补充来达到保护的目的 —— 不是什么问题都能这样解决。基因库是用来实现 2002 年被采用的植物保护的全球战略计划的一个要素。2010 年，该计划使用基因库保护了 60% 的濒危植物物种。

基因库有许多形式。肯特的布洛格代尔（Brogdale）收集的活果树是基因库的一种类型。另一种是邓迪马铃薯收藏协会收集的马铃薯块茎。在其他情况下，植物的收集还可以通过组织培养再移植到瓶子里生长，或在接近零下 196 摄氏度的温度下保存成束细胞的方法来保持。同时，基因库在长时间植物基因物质保护上的应用更广。

人类研究种子的自然特性来确保植物能一代代传承下来，包括随着人口迁移而迁移，以及提供适应环境变化的能力。对于有些植物，保护它们唯一的方法就是种植。保护苹果品种是没有意义的，因为所有来自特定苹果品种的种子都跟亲株的基因不同。因此英国超过 2000 个苹果品种通过移植保存和繁衍下来，有些繁衍了几百年。曾有过利用克隆库来保存植物的极端事件，这意味着会有疾病和不可抗力的风险，人们还在香蕉栽培中发现了因此而不育的香蕉。植物分散着它们的基因，而人们又为了未来的一代代人保存了植物基因，并选择在有限的空间里保护种子。

　　一万年以前小麦和其他谷物出现的区域，现在是政治火药桶——过去二十年有些西方植物学家从那里收集植物。大约十年前，植物育种家对依赖基因存储库地区的植物产生了兴趣。基因库因为被忽视、资金不足和地区战争而受到威胁。保护植物遗传资源的重要性意味着这是全球的责任。2007 年初，挪威政府宣布斯瓦尔巴德岛全球种子库会建在靠近挪威朗伊尔城距山边 120 米的地方，有些超过海平面 130 米，在北极南部约 1000 千米。

　　全球种子存放处该如何建造的问题讨论了将近二十五年。然而，直到国际植物遗传资源条约签署，才建立起了相关的国际组织引导全球种子库的活动。最后挪威政府为种子库建设提供了资金（900 万美元），并提供每年的维修费用。全球农作物多样性信托基金则负责种子库管理和运营的资金。种子库的位置是经过深思熟虑的，以现实和最坏的气候情况为基础。靠近北极，天然冻土能使洞穴在即使制冷失败时也保持低温。把种子库深埋到地下意味着即使外界气温剧烈变化，内部气温的改变也会最小化。超过海平面的高度则意味着即使格陵兰岛和南极冰盖融化使海平面上升，它也是安全的。种子储存基于国际种子库标准，保留那些国家或机构自己存储的并依据条款免费获得的财产。不论是种子库管理者、挪威政府或者信托基金，都没有什么权力，甚至不能打开储存种子的盒子。种子库是在 2008 年 4 月启动的，一年后它容纳了来自 25 个和保护遗传资源相关的国家和国际机构的 40 万个种子副本。

斯瓦尔巴德岛全球种子库是最新加入尼古拉·瓦维洛夫的遗产中的，它在过去五十年里建立了基因库全球网络。它制定有效的决策，明确地提出建造新的基因库。有人为基因库投资大量的资源只是为了政治，对此有一些具有说服力的解释。一旦承诺建设基因库，投资者一定会意识到他们加入了漫长的比赛。套用一个在英国流行的动物福利口号——"基因库是永远的，不只是一点两点"。在列宁格勒攻城战期间，瓦维洛夫的种子库显现出其收藏的意义。

约有 600 万种子在全球约 1300 个种子库里被储藏。这个数量掩盖了约 85% 的种子是来自有限的作物和它们的近缘种的事实。绝大多数世界上的植物都是无保护的，无论在基因库还是保护区。世界上许多野生植物处于高危状态。全球种子库的重点保护对象是食用植物，相比之下，英国千年种子库的重点在最大化保护所有植物的多样性。的确，在 2010 年，千年种子库的目标之一是收集 10% 的世界植物。到 2020 年，种子库的成功将使目标上升到世界植物的 25%。当然，目标越大就越难达到。前 25% 的植物区系比后 25% 的更容易进入库。不幸的是，我们没有资源来保护所有的东西，所以保护选择越来越难。

如果将植物从它们的自然栖息地孤立，许多植物会处于危险之中，因为它们新的栖息地是密封罐和基因库的包裹。物种也许在不经意间被选择在基因库生活而非在野外生活，就像早期农民选择植物，让它们能更好地在人类治理的田地里而非荒原生存。基因库内的物种的未来与管理者的选择以及他们掌握的关于标本保存的资料有关。基因库管理者需具备与保护有关的全球视野。谚语说："他的土地上有大量的食品，但只要他是个追求虚荣的人，就足够贫穷。"基因库就像钱财的表弟，但不是赌场，因此要最小化风险。然而，基因库管理者需要考虑三个方面。他们对提高收藏的数量和质量的欲望必须与因庞大的收藏量和对资金的渴求而增长的花费相权衡，来降低或保持预算不变。基因光是锁在山洞里是不够的；基因库要变得有用，就需要有效的管理。基因库里的每个样本都有存在的积极因素，且都有潜力维生。健全的管理政策要以健全的科学证据为基础。

在过去二十年里，为了确定怎样最好地填充基因库和从各种植物里收集种子，人们做了相当多的研究。高质量的基因库必须具有五个特质。显然，样本必须正确识别。然而，正确识别很难在有鲜为人知的植物的区域内实现。投入到基因库内的植物的部分（种子）一定要健康且富有活力，样品也一定得是典型的遗传物并且数量要充足。同时还要有充分的相关资料。和栽培植物不同，野生植物的分布经常是鲜为人知的 —— 即使是极吸引人的珍稀物种。而且，基本的生物学知识比如植物的花朵、果实和种子的成熟时期可能是未知的。有些物种，比如马来西亚半岛的梅兰蒂树，不是每年都开花；其他物种，比如欧洲橡木，虽然开花但是每年最后都没有大量的果实。因为野生植物寿命较短并有多样的休眠机制，所以它们很难获取，种子也难以收集。

基因库的样本应复制种群或地区里的物种的遗传结构，要研究每个种群采样的数量，每个种群收集的个体的数量，每个个体收获的种子的数量的问题。当然，会出现矛盾。最好的种子收集的采样策略是以遗传结构的知识为基础。为了了解遗传结构的知识，把取样资料放在首位是必要的。基因库收藏家，特别是野生物种收藏家，很少能在同一处有两次丰收。然而，考虑到一些物种是十分稀有的，保存种子比什么都不保护要好。

无论来自不同的个体的种子是像半同胞家系一样分开储存，还是所有种子混合收集，一旦材料存到种子库内，就一定会出现问题。进一步出现的并发症表明，不同年份采集的种子代表了不同的群体遗传，种子和花粉每年都会有个体差异。就地保护和有效种子储存的问题也意味着我们对野生物种的自然种群的基因流动过程的细节知之甚少。因为任何取样策略总会减少样本的遗传多样性的数量，关键是尽量保持样本遗传的多样性。

曾有大量的指南被发表，以此来强调应被使用的种子数量。这些指南建议每次最少将2500个种子加入收藏库，因为这样它们就能立即被使用（繁殖萌发试验）。千年种子库（图47）为每个物种收集了1万到2万个种子，因此种子也可在几百年间定期测验。如果种子很大，"最低目标"就不适用了，它们要么储藏量很少，要么移植大量种子会影响物种在野外长时间的生存。

理论上，基因库的每个样本应该有"护照"表明它的收集地点、时间和方式，包括生态和民族植物学知识。护照里的信息越多，样本的用处可能会越多，因为标签的科学价值和样本同样重要。1960年英国皇家植物园植物收集的科学价值遭到了质疑，因为许多植物鲜为人知，基因库里贴标记标明栽培、来源的样本很少，科学价值很低。没有详细的信息，人们创建的基因库将处于只比集邮高明不了多少的"危险"处境。

储蓄罐就应该放满强（稳定）的硬币。然而，我们不知道在未来什么会是最强货币，因此要保持货币组合风险最小化。只是把材料放入储蓄罐是不够的，在必要的时候，它的内容需要可观看。硬币可以用小刀撬出来，也可以打碎储蓄罐拿出来，但聪明的投资者会确保使"储蓄罐"的底部有个塞子，便于他随时打开查看。知道遗传"储蓄罐"储存的种子资源可以在未来种植是很重要的。块茎在基因采集中可以被传播吗？植物可以在组织培养样品再生吗？种子会在储存后发芽吗？

可以在种子库里干燥和储存的种子被描述为正统的，而干燥敏感的种子是顽固的。多达40%的植物，比如鳄梨、荔枝、芒果和柑橘，可能会生产异常型种子，且不能被长时间储存。迅速识别异常型种子的能力显然很重要，因为有关基因库科技的错误决定对物种保护的影响是灾难性的。即使种子在理想条件下被储存，种子库的生命的跨物种差异也很大。种子的生命力会影响收藏的管理。即使种子可以在种子库里幸存，有时需要种植出整棵植株，这就要求种子总是能够发芽。种子库在研究有效的发芽和传播协议上特别有效，特别是在近二十年里。很多种子库都有一些研究计划，这需要对种子开发工作及生态因素、气候、种子结构对种子发展的影响有客观的理解。

基因库间的比较仅基于假定所有增加的物种都等价的情况下所增品种的数量。在实践中这不能作为范例，因为基因库总有剩余。有些增加物种只有很少的记载，有些会在别的收藏里重复加入，有些会成为灭绝或濒临灭绝的物种，有些会含有重要的农业基因。提供维护基因库的费用，这会使基因库管理者探究如何更好地检测和消除收集中的多余的部分。这就带来了更深入的问题，也就是基因库管理者是如何做出抛弃一个样本的决定的 —— 这不是绝对的，只是有样本将来可能不会再被使用。

本书的主题之一是过去一个世纪里农业景观的生物多样性下降所造成的损失，这些损失包括传统作物品种和优势杂交品种的消失。正如我们所看到的，主要农业植物种子的遗传资源是国际网络种子库的兴趣所在。然而，这只是开始。我们似乎幸运地保护了主要的农业植物和它们的近缘种，尽管无知和教条对它们的破坏是无法估量的。我们可能没这么幸运，因为保护野生植物物种的任务更艰巨，目前几乎没有经济利益。

我们与种子的历史会持续。我们现在做的决定会对未来的世代产生长期的影响。也只有后代能评价我们对种子库巨大的经济投资是否值得。如同四百代之前的农民无意识的决定影响了现在的人，我们有意识的决定也许会有重要的、不可预见的对未来一代的遗传资源的影响。我们能做出合理公正的对全人类有益的选择，这才是希望所在。

北京大学出版社教育出版中心

部分重点图书

一、北大高等教育文库·大学之道丛书

大学的理念	[英]亨利·纽曼
德国古典大学观及其对中国的影响（第三版）	陈洪捷
哈佛通识教育红皮书	[美]哈佛委员会
什么是博雅教育	[美]布鲁斯·金博尔
美国文理学院的兴衰——凯尼恩学院纪实	[美] P. E. 克鲁格
营利性大学的崛起	[美]理查德·鲁克
学术部落及其领地	[英]托尼·比彻等
美国现代大学的崛起	[美]劳伦斯·维赛
大学的逻辑（第三版）	张维迎
教育的终结——大学何以放弃了对人生意义的追求	[美]安东尼·克龙曼
知识社会中的大学	[美]杰勒德·德兰迪
美国大学时代的学术自由	[美]罗杰·盖格
美国高等教育通史	[美]亚瑟·科恩
印度理工学院的精英们	[印度]桑迪潘·德布
后现代大学来临	[英]安东尼·史密斯
	弗兰克·韦伯斯特
21 世纪的大学	[美]詹姆斯·杜德斯达
理性捍卫大学	眭依凡
大学之用（第五版）	[美]克拉克·克尔
高等教育市场化的底线	[美]大卫·L. 科伯
世界一流大学的管理之道	程星
——大学管理决策与高等教育研究	
大学与市场的悖论	[美]罗杰·盖格
美国如何培养研究生	[美]克利夫顿·康拉德等
公司文化中的大学：大学如何应对市场化压力	[美]埃里克·古尔德
哈佛，谁说了算	[美]理查德·布瑞德利
大学理念重审	[美]雅罗斯拉夫·帕利坎
美国大学之魂（第二版）	[美]乔治·M. 马斯登
高等教育何以为"高"	[英]大卫·帕尔菲曼

二、21 世纪高校教师职业发展读本

教授是怎样炼成的	[美]唐纳德·吴尔夫

給大学新教員的建議（第二版）　　　　　　　　　〔美〕罗伯特·博伊斯
学术界的生存智慧（第二版）　　　　　　　　　〔美〕约翰·达利等
如何成为卓越的大学教师（第二版）　　　　　　〔美〕肯·贝恩
给研究生导师的建议　　　　　　　　　　　　　〔英〕萨拉·德兰蒙特等

三、学术规范与研究方法丛书

如何成为优秀的研究生（影印版）　　　　　　　〔美〕戴尔·F.布鲁姆等
给研究生的学术建议　　　　　　　　　　　　　〔英〕戈登·鲁格
　　　　　　　　　　　　　　　　　　　　　　玛丽安·彼得
社会科学研究的基本规则（第四版）　　　　　　〔英〕朱迪思·贝尔
如何查找文献（第二版）　　　　　　　　　　　〔英〕莎莉·拉姆奇
如何写好科研项目申请书　　　　　　　　　　　〔美〕安德鲁·弗里德兰德
　　　　　　　　　　　　　　　　　　　　　　卡罗尔·弗尔特
高等教育研究：进展与方法　　　　　　　　　　〔美〕马尔科姆·泰特
教育研究方法（第六版）　　　　　　　　　　　〔美〕乔伊斯·P.高尔等
如何进行跨学科研究　　　　　　　　　　　　　〔美〕艾伦·瑞普克
社会科学研究方法100问　　　　　　　　　　　〔美〕尼尔·萨尔金德
如何利用互联网做研究　　　　　　　　　　　　〔爱尔兰〕尼奥·欧·杜恰泰
如何成为学术论文写作高手　　　　　　　　　　〔美〕史蒂夫·华莱士
　　　——针对华人作者的18周技能强化训练
参加国际学术会议必须要做的那些事　　　　　　〔美〕史蒂夫·华莱士
　　　——给华人作者的特别忠告
做好社会研究的10个关键　　　　　　　　　　　〔英〕马丁·丹斯考姆
法律实证研究方法（第二版）　　　　　　　　　白建军
传播学定性研究方法（第二版）　　　　　　　　李琨
生命科学论文写作指南　　　　　　　　　　　　〔加拿大〕白青云
学位论文写作与学术规范（第二版）　　　　　　李武，毛远逸，肖东发
如何为学术刊物撰稿（第三版）（影印版）　　　〔英〕罗薇娜·莫瑞
结构方程模型及其应用　　　　　　　　　　　　易丹辉，李静萍

四、大学学科地图丛书

管理学学科地图　　　　　　　　　　　　　　　谭力文
战略管理学科地图　　　　　　　　　　　　　　金占明
旅游管理学学科地图　　　　　　　　　　　　　李昕
行为金融学学科地图　　　　　　　　　　　　　崔巍
国际政治学学科地图　　　　　　　　　　　　　陈岳，田野
中国哲学史学科地图　　　　　　　　　　　　　刘乐恒
文学理论学科地图　　　　　　　　　　　　　　王先霈

德育原理学科地图   檀传宝 等

外国教育史学科地图   王保星，张斌贤

教育技术学学科地图   李芒 等

特殊教育学学科地图   方俊明，方维蔚

五、北大开放教育文丛

西方的四种文化   ［美］约翰·W.奥马利

人文主义教育经典文选   ［美］G. W.凯林道夫

教育究竟是什么？——100位思想家论教育   ［英］乔伊·帕尔默

教育：让人成为人——西方大思想家论人文和科学教育   杨自伍

透视澳大利亚教育   ［澳］耿华

道尔顿教育计划（修订本）   ［美］海伦·帕克赫斯特

六、跟着名家读经典丛书

中国现当代小说名作欣赏   陈思和 等

中国现当代诗歌名作欣赏   谢冕 等

中国现当代散文戏剧名作欣赏   余光中 等

先秦文学名作欣赏   吴小如 等

两汉文学名作欣赏   王运熙 等

魏晋南北朝文学名作欣赏   施蛰存 等

隋唐五代文学名作欣赏   叶嘉莹 等

宋元文学名作欣赏   袁行霈 等

明清文学名作欣赏   梁归智 等

外国小说名作欣赏   萧乾 等

外国散文戏剧名作欣赏   方平 等

外国诗歌名作欣赏   飞白 等

七、科学元典丛书

天体运行论   ［波兰］哥白尼

关于托勒密和哥白尼两大世界体系的对话   ［意］伽利略

心血运动论   ［英］威廉·哈维

薛定谔讲演录   ［奥地利］薛定谔

自然哲学之数学原理   ［英］牛顿

牛顿光学   ［英］牛顿

惠更斯光论（附《惠更斯评传》）   ［荷兰］惠更斯

怀疑的化学家   ［英］波义耳

化学哲学新体系   ［英］道尔顿

控制论   ［美］维纳

对称	［德］外尔
植物的运动本领	［英］达尔文
博弈论与经济行为（60周年纪念版）	［美］冯·诺伊曼　摩根斯坦
生命是什么（附《我的世界观》）	［奥地利］薛定谔
同种植物的不同花型	［英］达尔文
生命的奇迹	［德］海克尔
阿基米德经典著作	［古希腊］阿基米德
性心理学	［英］霭理士
宇宙之谜	［德］海克尔
圆锥曲线论	［古希腊］阿波罗尼奥斯
化学键的本质	［美］鲍林
九章算术（白话译讲）	［汉］张苍 耿寿昌

八、其他好书

苏格拉底之道：向史上最伟大的导师学习	［美］罗纳德·格罗斯
大学章程（精装本五卷七册）	张国有
教学的魅力：北大名师谈教学（第一辑）	郭九苓
国立西南联合大学校史（修订版）	西南联合大学北京校友会
我读天下无字书（增订版）	丁学良
科学的旅程（珍藏版）	［美］雷·斯潘根贝格
	［美］黛安娜·莫泽
科学与中国（套装）	白春礼等
如何成为卓越的大学生	［美］肯·贝恩
世界上最美最美的图书馆	［法］博塞等
中国社会科学离科学有多远	乔晓春
道德机器：如何让机器人明辨是非	［美］瓦拉赫等
彩绘唐诗画谱	（明）黄凤池
彩绘宋词画谱	（明）汪氏
如何临摹历代名家山水画	刘松岩
芥子园画谱临摹技法	刘松岩
南画十六家技法详解	刘松岩
明清文人山水画小品临习步骤详解	刘松岩
西方博物学文化	刘华杰
物理学之美（彩图珍藏版）	杨建邺
杜威教育思想在中国	张斌贤，刘云杉
怎样做一名优秀的大学生	王义遒
湖边琐语 —— 王义遒教育随笔（续集）	王义遒
蔡元培年谱新编（插图版）	王世儒